大藤峡水利枢纽船闸及右岸主体工程监理实践

闫修家　等　著

黄河水利出版社
·郑州·

图书在版编目(CIP)数据

大藤峡水利枢纽船闸及右岸主体工程监理实践/闫
修家等著. —郑州：黄河水利出版社，2024.1
ISBN 978-7-5509-3817-5

Ⅰ.①大… Ⅱ.①闫… Ⅲ.①水利枢纽-船闸-工程
施工-施工监理-桂平②水利枢纽-水利工程-工程施工
-施工监理-桂平 Ⅳ.①TV632.673

中国国家版本馆 CIP 数据核字(2024)第 009578 号

组稿编辑：王志宽　电话：0371-66024331　E-mail：wangzhikuan83@126.com

责任编辑	赵红菲	责任校对	岳晓娟
封面设计	黄瑞宁	责任监制	常红昕
出版发行	黄河水利出版社		

地址：河南省郑州市顺河路 49 号　邮政编码：450003
网址：www.yrcp.com　E-mail：hhslcbs@126.com
发行部电话：0371-66020550

承印单位	河南新华印刷集团有限公司
开　　本	787 mm×1 092 mm　1/16
印　　张	10.25
字　　数	237 千字
版次印次	2024 年 1 月第 1 版　　　　2024 年 1 月第 1 次印刷
定　　价	78.00 元

序

大藤峡水利枢纽工程是国务院确定的172项节水供水重大水利工程的标志性项目，是珠江流域关键控制性枢纽，是一座集防洪、航运、发电、水资源配置、灌溉等综合利用于一体的大型水利枢纽。工程总投资357.36亿元，总库容34.79亿 m³。大藤峡水利枢纽拥有国内水头最高的单级船闸，人字闸门高47.5 m、宽20.2 m，单扇门叶重1 295 t，堪称"天下第一门"；拥有8台国内最大的轴流转桨式水轮发电机组，单机装机容量20万 kW；拥有国内少有的双鱼道布置，满足红水河珍稀鱼类繁殖洄游的过坝需求等多项全国之最。工程建成后，在珠江流域防洪、水资源配置、提高西江航运等级、保障粤港澳大湾区供水安全、水生态治理等方面具有不可替代的作用，同时还有助于缓解广西电力紧张局面，解决桂中旱片缺水问题，带动沿江经济社会发展。

广州新珠工程监理有限公司承担了大藤峡水利枢纽船闸、黔江副坝、南木江副坝、砂石料系统及右岸主体工程的监理工作。大藤峡水利枢纽工程规模巨大，施工条件复杂，技术难度较大，面临多项国内及世界性难题。广州新珠工程监理有限公司组织强大的技术团队支持、指导现场机构精心监理，现场监理机构与业主、设计、施工单位一起，充分发挥了监理人员的智慧和力量，精心组织协调，战胜高温多雨、洪水频发、地质复杂等重重困难，攻克超高水头人字闸门制造及安装、巨型轴流转桨式水轮发电机组安装等技术难题，对工程安全、质量、进度和投资进行了全方位的高效管控，工程自开工建设以来未发生一起安全责任事故，工程质量优良，主体工程提前4个月完工，为确保大藤峡水利枢纽工程按时高质量完工做出了巨大贡献。

《大藤峡水利枢纽船闸及右岸主体工程监理实践》一书专门总结了大藤峡水利枢纽工程船闸及右岸主体工程的监理工作实践，本着求真务实的精神，客观分析、总结了工程建设中的管控经验，对大型水利枢纽工程监理具有一定的参考价值。

闫修家

2023年11月

前　言

　　大藤峡水利枢纽工程是国务院确定的172项节水供水重大水利工程的标志性项目,是集防洪、航运、发电、水资源配置、灌溉等功能于一体的珠江流域关键控制性工程。作为珠江流域最后一个梯级水电站的综合性水利枢纽,大藤峡水利枢纽工程的建成在珠江流域防洪、水资源配置、提高西江航运等级、支援珠江压咸补淡、保障粤港澳大湾区供水安全等方面发挥着不可替代的作用,被誉为"珠江上的三峡工程"。

　　大藤峡水利枢纽工程规模大、任务繁重,在施工过程中面临着地质条件复杂、降雨频繁、工期紧张、施工难度大,特别是目前世界最高的闸门——下闸首人字闸门的安装等诸多难题。广州新珠工程监理有限公司(简称新珠监理公司)承担了大藤峡水利枢纽工程左岸船闸、黔江副坝、南木江副坝的施工监理及砂石料系统工程监理,以及右岸施工准备工程、右岸主体工程和其他相关工程的施工监理工作(其中,右岸工程施工监理工作由新珠监理公司与长江设计集团有限公司联合监理)。在大藤峡水利枢纽工程建设过程中,新珠监理公司与参建各方克服了基坑突发涌水、船闸主体基坑被淹等诸多突发状况。本着总结大藤峡水利枢纽工程施工监理技术及经验,为今后的水利水电工程施工监理提供参考的目的,新珠监理公司组织编写了本书。

　　本书主要依据大藤峡水利枢纽工程施工监理资料撰写而成,同时为确保准确、全面,撰写人员也参考了行业内相关技术标准与前沿文献,希望本书能为读者提供有价值的信息和参考。

　　本书由闫修家负责统稿,具体的撰写安排如下:第1~4章由闫修家(广州新珠工程监理有限公司)撰写,第5~7、9、10章由游度生(广州新珠工程监理有限公司)撰写,第8、11章及附录由谢纯梓(广州新珠工程监理有限公司)撰写。

　　本书在撰写过程中得到了广西大藤峡水利枢纽开发有限责任公司等单位的大力支持。在此,衷心地感谢所有为本书的撰写和出版提供支持和帮助的领导与专家!

　　限于作者水平,书中难免存在不足之处,恳请广大读者批评指正。

作　者

2023年11月

目　录

1 概 述

1.1 工程概况

大藤峡水利枢纽工程位于广西壮族自治区桂平市西江流域上的黔江河段,属于红水河梯级规划中最末一个梯级,是国务院确定的 172 项节水供水重大水利工程之一,也是珠江流域关键控制性工程。坝址控制流域面积 19.86 万 km²,占西江流域面积的 56.2%。

大藤峡水利枢纽工程初步设计概算批复总投资 357.36 亿元,2015 年 9 月 19 日开工建设,2021 年 9 月 13 日合同工程完工,最终总工期为 71.8 个月,工程规模为大(1)型。枢纽建筑物主要包括泄水、发电、通航、挡水、灌溉取水及过鱼建筑物等,其中挡水建筑物由黔江主坝、黔江副坝、南木江副坝组成。黔江干流布置黔江主坝,主坝上布置挡水、泄水、发电、通航、过鱼等建筑物;左岸布置黔江副坝;南木江河口布置南木江副坝,副坝上布置挡水、过鱼、灌溉和生态泄水等建筑物。工程正常蓄水位 61.00 m,总库容 34.79 亿 m³,防洪库容 15 亿 m³,总装机容量 1 600 MW,船闸规模为 3 000 t 级。工程实景如图 1-1 所示。

图 1-1 大藤峡水利枢纽工程实景

大藤峡水利枢纽是国务院批准的《珠江流域综合利用规划》和《珠江流域防洪规划》确定的流域防洪控制性工程,也是广西建设西江亿吨黄金水道的关键节点和打造珠江—西江经济带的标志性工程。它是国务院批复的《红水河综合利用规划》中提出的十个梯级电站的最末一级,是我国红水河水电基地的重要组成部分,同时也是《珠江流域与红河水资源综合规划》和《保障澳门、珠海供水安全专项规划》提出的流域重要水资源配置工程。

建设大藤峡水利枢纽工程对于完善西北江中下游的防洪工程体系,提高西江、浔江和西北江三角洲其他堤防保护区的防洪标准,打通西江黄金水道,开发黔江水能资源,缓解电力供需矛盾,为广西电网提供清洁能源,承担电网的发电和调峰任务,保障澳门、珠海供水安全,缓解西江下游及三角洲供水紧张局面,促进西部地区的经济建设有着不可或缺的作用。大藤峡水利枢纽工程与澎湃奔涌的黔江在整个珠江流域交相辉映,为我国水利事业的发展注入勃勃生机,在祖国大地上熠熠生辉。

1.2　监理概况

1.2.1　监理项目概况

根据监理服务合同约定,广州新珠工程监理有限公司在大藤峡水利枢纽工程建设的质量、安全、投资、进度控制、信息管理、合同管理等管理工作中,负责协调建设有关各方的工作关系,对施工进行全过程监理,保障大藤峡水利枢纽工程高质量按时完工。

1.2.1.1　左岸项目概况

大藤峡水利枢纽左岸监理项目主要包括船闸及其附属工程、黔江副坝、南木江副坝的施工监理及砂石料系统工程监理。

1. 船闸及其附属工程

大藤峡水利枢纽工程采用单级船闸,布置在左岸,船闸由上游引航道、上闸首、闸室、下闸首和下游引航道组成,线路总长 3 418 m。船闸主体段长 385 m,上游引航道长 1 136 m,下游引航道长 1 897 m。上、下游引航道底宽 75 m,口门区宽 115 m,上、下游引航道底高程分别为 38.20 m 和 15.35 m。船闸级别为 1 级,设计船型为一顶二式 2×2 000 t 级船队及 3 000 t 级集装箱船,船闸有效尺度为 280 m×34 m×5.8 m(有效长度×有效宽度×门槛水深)。船闸最大设计水头 40.25 m。船闸上游视图如图 1-2 所示。

图 1-2　船闸上游视图

上游待闸锚地位于大藤峡库区内,其中上游 1# 为普通船舶待闸锚地,上游 2# 为危险品船舶待闸锚地。上游 1# 待闸锚地位于大藤峡峡谷转弯后的主河道右侧,距离上游口门区约 1.6 km,共布置 18 个靠船墩。上游 2# 待闸锚地距上游口门区约 4.41 km,位于上游 1# 待闸锚地上游约 2.0 km 处的主河道右侧,分两段布置,共布置 9 个靠船墩。靠船墩建在强风化岩石上,间距 35.0 m,墩顶高程 65.00 m。船闸及其附属工程监理内容主要包括:土石方工程,混凝土工程,基础处理工程,支护工程,消防工程,金属结构(简称金结)及机电设备安装与调试,临时工程及相关的附属工程,相关的水土保持、环境保护等。

2. 副坝工程

黔江副坝位于主坝左岸上游,在主坝桩号 1+283.66 处与黔江主坝相接,坝顶全长 1 239.00 m,坝顶高程 65.00 m,防浪墙顶高程 65.40 m,最大坝高 30.00 m,坝顶宽 8 m,上游坝坡为 1:2.8,下游坝坡为 1:2.5,上游坝坡设 0.35 m 厚的干砌石护坡。黔江副坝右侧视图如图 1-3 所示。

图 1-3　黔江副坝右侧视图

南木江副坝布置在南木江与黔江汇合口下游 750 m 处,主要由黏土心墙石渣坝段、灌溉取水及生态泄水坝段和混凝土重力坝坝段组成,南木江鱼道过鱼口布置在混凝土重力坝坝段上。灌溉取水及生态泄水坝段布置在南木江副坝左岸,坝段长 23.60 m,共布置 2 个取水口,无压涵洞采用城门洞形,最大设计流量 30 m³/s。南木江副坝如图 1-4 所示。

南木江鱼道布置在南木江副坝左岸,位于灌溉及生态取水口左侧。鱼道总长 1 291 m。南木江鱼道采用与近自然过鱼通道相结合的过鱼方式。非汛期鱼类先由近自然过鱼通道通过南木江副坝,再由鱼道进入上游库内;汛期同样先由近自然过鱼通道通过南木江副坝,再利用生态泄水通道进入上游库内。近自然过鱼通道参照南木江两岸堤防设计标准,按 20 年一遇洪水设计,经由南木江副坝下游 3 km 河段填渣束窄、堆砌石滩构筑而成。南木江鱼道由 1 个进鱼口、3 个出鱼口及 1 个过坝口组成。进鱼口、出鱼口及过坝口均设有一道工作闸门,各类闸门采用固定卷扬式启闭机操作,根据不同运行水位进行调度。南木江生态鱼道效果图如图 1-5 所示。

图 1-4　南木江副坝

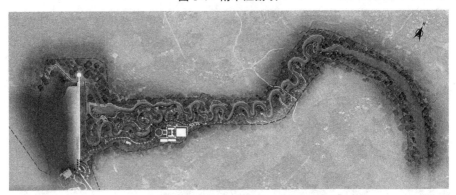

图 1-5　南木江生态鱼道效果图

副坝工程监理内容主要包括:土石方工程,混凝土工程,基础处理工程,金属结构及机电设备安装与调试,临时工程及相关的附属工程,相关的水土保持、环境保护等。

3. 安全监测工程

船闸及副坝安全监测(一期)工程包括船闸及引航道、黔江副坝和南木江副坝、南木江鱼道等 3 个部分的安全监测工程。其中,船闸及引航道安全监测工程包括船闸上闸首、下闸首、引航道及安全监测自动化系统等,共设置了 21 个监测断面,黔江副坝和南木江副坝安全监测工程分别设置了 3 个典型监测断面,南木江鱼道安全监测工程共设置了 3 个典型监测断面。监测内容主要包括变形监测、渗流监测、应力应变及温度监测和水力学监测。

安全监测工程监理内容主要有:平面监测控制网、水准监测控制网、变形监测、渗流监测、应力应变及温度监测、水力学监测、地震反应监测、地下水位监测、锚杆锚索监测、环境质量监测等。

4. 砂石料系统工程

根据大藤峡水利枢纽工程施工总进度安排,总计需要砂石料约 1 835.29 万 t(粗骨料 1 227.08 万 t,细骨料 608.21 万 t),砂石加工系统毛料处理能力 1 840 t/h,成品骨料生产能力 1 628 t/h。在建设过程中为满足高峰期砂石骨料供应要求,对砂石料加工系统进行了增容改造工作,增容改造后毛料处理能力达到 2 567 t/h,成品骨料生产能力达到 2 187.4 t/h。

砂石料加工系统主要供应大藤峡水利枢纽工程主体及导流工程的混凝土所需的骨料及反滤料、垫层料等加工料,总量约 714.55 万 m³,砂石料源主要为天然砂砾料,初步设计阶段选择位于长洲电站水库库尾、距坝址约 40 km(水路)江口料场的天然砂砾料作为本工程砂石料主料源,选择中桥石料场作为本工程的备用料源,砂石加工系统设在黔江主坝左岸下游约 0.8 km 台地处。砂石料系统工程如图 1-6 所示。

图 1-6　砂石料系统工程

砂石料系统工程监理内容主要包括:砂石料毛料开采、储存、运输;砂石料系统建设;砂石料加工、生产、储存、供应等;码头、堆料场、运输道路、临时工程等配套设施,相关的水土保持、环境保护等。

1.2.1.2　右岸项目概况

大藤峡水利枢纽工程右岸项目主要包括右岸施工准备工程、右岸主体工程及其他相关工程的全过程监理,具体工程包括:黔江混凝土主坝(泄水闸坝段、纵向围堰坝段、厂房坝段),电站副厂房、开关站,泄水闸导墙、护坦及厂区挡墙,大坝、厂房及库内滑坡体开挖后的永久边坡。

1.右岸施工准备工程

右岸施工准备工程主要包括开挖支护、场地平整及施工道路。主要施工内容为黔江主坝上游右岸滑坡体处理工程、右岸厂房上部边坡开挖与支护工程、右岸上坝公路工程、施工区场地平整工程、下引航道口门区右岸扩挖工程、施工临时设施等。

2.右岸主体工程

(1)右岸泄水坝段及其附属工程。主要包括 5 孔泄水闸坝及附属建筑物。主要施工内容为土石方工程、混凝土工程、基础处理及防渗工程、金属结构及机电设备安装与调试等。

(2)右岸厂房及其附属工程。主要包括右岸厂房、开关站及附属建筑物。主要施工内容为土石方工程、混凝土工程、基础处理及防渗工程、5台水轮发电机组及金属结构安装与调试等。

（3）鱼道工程。黔江鱼道包括1#鱼道和2#鱼道。

（4）二期导流工程。包括二期上游土石围堰、二期下游土石围堰和右岸鱼道进口围堰。

3.其他工程

其他工程包括右岸其他永久或临时工程，以及相关的环境保护、水土保持、工程安全监测等。

1.2.2 监理工作概况

2015年7月，广西大藤峡水利枢纽开发有限责任公司（简称大藤峡公司）与广州新珠工程监理有限公司签订了"大藤峡水利枢纽工程船闸、黔江副坝、南木江副坝施工监理及砂石料系统工程监理合同"，为履行监理合同的责任及义务，广州新珠工程监理有限公司于2015年7月31日成立了"广州新珠工程监理有限公司大藤峡水利枢纽工程监理部"，并聘任了相关负责人，负责承监项目的现场施工监理工作。2018年，为履行大藤峡水利枢纽右岸施工准备工程、右岸主体工程及其他相关工程的监理合同职责和义务，广州新珠工程监理有限公司与长江设计集团有限公司（简称长江设计公司）成立了"长江设计公司-新珠监理公司联合体大藤峡水利枢纽右岸工程施工监理部"，负责大藤峡水利枢纽右岸工程施工现场的监理工作及相关业务活动。监理部实行项目总监理工程师负责制，项目总监理工程师接受发包人的工程建设指令和有关部门的业务指导，接受监理公司的行政管理，全面组织实施此项目的监理工作。

截至2022年8月，已完合同工程项目的计量与支付及施工过程的变更处理，符合合同要求，合同投资目标受控。船闸及副坝工程的原材料、半成品、成品质量检测满足设计及规范要求，各工序施工质量满足相关规范要求，分部工程质量等级全部评定为优良，单位工程外观质量得分率均达85%以上，单位工程质量等级均评定为优良。船闸及副坝工程所有土石方工程、支护工程、灌浆工程、混凝土工程、金属结构及机电设备安装与调试、安全监测等项目已全部施工完成。2020年3月31日顺利实现船闸试通航目标，南木江副坝工程、黔江副坝工程于2021年10月28日通过验收，船闸工程于2021年12月22日通过验收。施工过程监理部建立了完善的安全管理体系，严格执行了安全管控措施，安全生产受控，承监工程未发生生产安全事件。

自开工以来，监理部严格按照设计、规范及合同等要求开展监理工作，管理体系运行正常，未发生过任何质量、安全事故，所有施工质量检验与评定资料齐全，相关的工作均已准备就绪，满足二期蓄水（61.00 m高程）阶段验收要求。

1.2.2.1 船闸工程

大藤峡水利枢纽工程主要建设内容为船闸工程、黔江副坝和南木江副坝工程，其中船闸工程为关键线路工程，其监理工作重点与难点如下。

1.船闸混凝土浇筑强度大，工期紧张

大藤峡水利枢纽船闸及砂石料系统工程主要建设内容为船闸工程、黔江副坝和南木江副坝工程,其中船闸工程为关键线路工程。船闸施工混凝土浇筑和人字闸门(简称人字门)安装是进度控制的关键工程。船闸混凝土共约231.88万 m^3,混凝土浇筑工期约33个月,月均浇筑强度约7.02万 m^3,高峰时期(第3年全年)月均混凝土浇筑强度约12万 m^3,浇筑强度非常大,混凝土进度控制难度较大。

2.边坡地质条件复杂,边坡开挖和支护质量要求高,施工难度大

工程区土质边坡地下水位高,且航道右侧高边坡存在斜向坡和顺向坡,地质条件复杂,具体如下:

(1)上引航道。航上1+460—航上0+310段岩层软弱夹层发育,产状与层面一致,易发生滑坡。右侧边坡为顺向坡,且边坡开挖较高,边坡稳定性差。航上0+310—航上0+100段右侧边坡为斜向坡,边坡稳定性差。

(2)船闸部分。船闸开挖边坡较高,最高可达约50 m,且多为土质边坡,地下水位于土质边坡内,边坡稳定性差。

(3)下引航道。开挖边坡较高,一般为30 m左右,且多为土质边坡,地下水位于土质边坡内,边坡稳定性差。

上述地段边坡开挖和支护质量要求高,对工程施工技术有着极高的挑战性,一旦处理不当,会导致边坡塌方滑坡,造成工程重大经济损失和人身伤亡。因此,边坡开挖及支护是监理工作的重点和难点。在边坡施工过程中,一方面要严格做好控制爆破,避免爆破对边坡稳定的破坏;另一方面,在开挖后及时按设计要求进行支护处理,保证边坡的稳定和安全。

3.船闸基础地质条件复杂,基础处理和基坑防渗、排水要求高,施工难度大

船闸基础主要为郁江阶灰岩和白云岩,岩溶发育,分布有较多的岩溶孔洞,有溶岩管道与江水连通的可能,基坑开挖可能产生大量的涌水,基坑防渗和施工排水及基础处理难度较大。

4.混凝土质量控制难度大

船闸属于大体积常态混凝土浇筑,桂平地区夏季高温湿热,大体积混凝土温度控制(简称温控)是混凝土质量控制的重点之一。

船闸输水系统结构复杂,平洞、斜井交错贯通,廊道断面、坡度变化频繁,且现场施工环境较狭窄,钢筋密集,混凝土浇筑施工难度大。同时,船闸输水系统受高速水流冲刷,易发生空蚀破坏,对混凝土抗冲耐磨性和表面平整度要求高。因此,输水系统混凝土浇筑质量控制是监理质量控制的重点。

5.人字闸门安装质量控制难度大

船闸规模为3 000 t,上下闸首人字闸门尺寸大、重量大。上闸首人字闸门尺寸(宽×高-水头)20.2 m×24.3 m-22.8 m,下闸首人字闸门20.2 m×47.5 m-40.25 m,上闸首仅人字闸门总重1 110 t,下闸首仅人字闸门总重2 690 t,特别是下闸首人字闸门是目前全国最大的人字闸门,闸门安装施工难度大、强度高,且闸门安装受土建施工干扰,进度控制难度较大。

1.2.2.2 副坝工程

南木江副坝(全长582 m,最大坝高39.80 m)和黔江副坝(全长1 239 m,最大坝高

30.0 m)工程主要内容为黏土心墙石渣坝施工,黏土心墙石渣坝坝体填筑施工是副坝施工质量控制的关键,监理部对黏土心墙填筑、控制雨季施工质量、控制坝体填筑速度、避免不均匀沉降等内容进行了重点监理。

1.2.2.3　安全监测工程

安全监测是工程建设管理的核心,没有安全就谈不上工程的质量、进度和投资。因此,做好监理安全控制工作,杜绝发生人身伤亡事故是监理工作的重中之重。大藤峡水利枢纽工程施工项目多,施工环境复杂,安全风险较大,更应做好安全监测工作。大藤峡水利枢纽工程主要安全风险包括:

(1)土石方开挖量大,爆破工作量大。爆破作业安全风险大,危险性较高。

(2)部分地段高边坡作业且地质条件复杂,易发生塌方、滑坡等事故。

(3)人字闸门吊装施工难度大,且涉及大型起重设备的使用,安全风险高。

(4)防洪度汛也是主要安全风险之一。

1.2.2.4　砂石料系统工程

砂石骨料的生产和供应直接关系到工程质量和进度。由于天然骨料砂率偏低、级配较差、毛料运输压力大、天然骨料料场存在缺口,加之汛期对天然骨料质量和生产生较大影响,因此砂石骨料生产的质量控制和进度控制是砂石骨料监理的关键工作。

1.2.2.5　右岸工程

右岸工程由长江设计公司与新珠监理公司共同实施监理工作。长江设计公司与新珠监理公司成立“长江设计公司-新珠监理公司联合体大藤峡水利枢纽右岸工程施工监理部”,负责大藤峡水利枢纽工程右岸施工现场的监理工作及相关业务活动。右岸监理部设2个监理分部(管理层),即监理一部、监理二部。监理一部由长江设计公司监理人员组建,承担右岸厂房坝段及厂房工程项目现场监理。监理二部由新珠监理公司监理人员组建,承担右岸其他所有工程项目的监理。监理分部根据工作内容和职责分设土建监理站、金结机电监理站、安全组、合同商务组、综合技术组等5个专业站(组)(执行层)。

1.2.2.6　监理工作效果

在大藤峡水利枢纽工程施工过程中,因各种原因影响,造成总体施工进度较合同工期滞后。鉴于此种情况,参建各方勠力同心,施工人员矢志耕耘,执着坚守岗位,监理人员呕心沥血,多次会商分析总体工期,调整控制性节点,优化施工方案,大量增加施工资源投入,采用先进的施工方法和强有力的管理措施,并严格执行了安全管控措施,管理体系运行正常,施工期间未发生过任何质量、安全事故,最终所有施工质量检验与评定资料齐全,总体施工进度满足了大藤峡水利枢纽工程蓄水、通航、发电等重大节点目标要求,同时实现了通航工期目标。2020年3月31日船闸工程顺利实现船闸试通航目标,南木江副坝工程、黔江副坝工程于2021年10月28日通过验收,船闸工程于2021年12月22日通过验收,右岸工程预计于2024年6月30日完工。施工过程监理部建立了完善的安全管理体系,严格执行了安全管控措施,安全生产受控,承监工程未发生生产安全事件。

2 监理组织及规划

2.1 机构设置与人员配备

大藤峡水利枢纽及砂石料系统工程左岸由新珠监理公司承担监理任务,右岸由长江设计公司-新珠监理公司联合体负责监理工作。监理部实行总监理工程师负责制。

左岸工程,新珠监理公司采用分段设置、分区负责、专业协作、统一协调的直线-职能式制监理组织形式,下设工程技术部、合同信息部、安全环保护部和综合办公室等4个职能部门,其中工程技术部为质量控制直接责任部门,下设船闸组、副坝组、砂石料组、地质组、测量组、试验组和机电金结组,各组具体负责现场的监理工作,质量管理实行一岗双责。监理部配备了水利水电工程、工程地质、试验检测、工程测量、金属结构、施工安全环保、工程造价、合同管理、工程信息管理等工程技术与管理专业人员,满足施工监理服务工作要求。

右岸工程,联合体按"资源和技术互补,适应业主管理"的原则拟定现场监理部组织机构。结合大藤峡业主管理模式的特点,采取直线式制监理组织形式。监理部管理按决策层、管理层、执行层等3个层次划分,即总监办、监理分部、专业站(组)三级机构设置。为体现"分工明确,密切合作"原则,监理部设2个监理分部(管理层),即监理一部、监理二部。监理一部由长江设计公司监理人员组建,承担右岸厂房坝段及厂房工程项目现场监理。监理二部由新珠监理公司监理人员组建,承担右岸其他所有工程项目的监理。监理分部根据工作内容和职责分设土建监理站、金结机电监理站、安全组、合同商务组、综合技术组等5个专业站(组)(执行层),另设技术咨询专家组为监理部提供技术支持。

大藤峡水利枢纽工程是一个规模宏大、技术复杂且要求非常严格的项目。为了满足这些要求,施工单位需要具备先进的施工管理和技术水平,业主和监理部门也需要采用相似的方法和设备进行科学管理。监理部门为了适应这一要求,配置了多种检测设备和试验设备。其中,包括精度要求符合合同规定的徕卡 TPS1200+全站仪,这是一种用于测量和勘测的高精度仪器。此外,还配置了坍落度仪、混凝土含气量检测仪、温度计、红外测温仪和回弹仪等设备。这些设备的作用是检测混凝土的性能和温度控制指标,以及在混凝土成型后进行质量检验。此外,监理部门还配置了混凝土(砂浆)抗压、抗渗、抗冻试验模具及喷混凝土大板试验模具。这些试验模具按照相关规范的要求进行监理检测,以确保混凝土的质量达到要求。通过配置这些设备和试验模具,监理部门能够对现场混凝土的拌和物性能和温度控制指标进行检测,并进行混凝土成型后的质量检验。这有助于确保工程施工的质量和技术要求得到满足。

2.2　监理工作组织

2.2.1　监理工作程序

大藤峡水利枢纽工程监理程序按照组建监理部、收集监理资料、制定监理规划、制定监理实施细则与表式文件、进行监理工作交底、开展监理活动、发送监理报告、参加验收、移交资料等环节进行。

2.2.1.1　组建监理部

在现场成立大藤峡水利枢纽工程监理部(简称大藤峡监理部),实行总监理工程师负责制,并授权总监理工程师全权负责执行委托监理合同。

2.2.1.2　收集相关资料

监理人员进驻现场后,收集、整理设计文件、相关合同文件,组织内部人员学习、熟悉相关规程规范。

2.2.1.3　制定监理规划

根据项目特点,依据收集的资料和信息,对监理工作做更为详细的规划工作,由总监理工程师组织编制监理规划,并报送业主审批。

2.2.1.4　制定监理实施细则与表式文件

监理规划编制完成后,监理部结合监理规范和工程进展,依据经批准的设计文件、工程进度计划、监理规划等,及时编制监理实施细则,共完成 18 项监理实施细则的编制;监理人员进场后,编制了工程用表,共计监理用表 55 个,施工用表 44 个。

2.2.1.5　进行监理工作交底

在第一次工地会议上进行监理工作交底,监理工作交底主要内容有监理范围、监理工作依据、监理方法、监理制度、验收程序等。

2.2.1.6　开展监理活动

以上各项工作完成以后,进入监理工作的实施阶段,监理人员根据所制定的工作计划和管理制度,规范化地开展监理工作,充分注意各项监理工作的逻辑顺序及不同专业的逻辑分工,按目标对监理工作的绩效进行检查考核,保证监理工作的状态和工作目标的确定性,以便于监理工作的开展。

2.2.1.7　发送监理报告

监理报告包括内部报告、口头报告和书面报告。内部报告制度要求监理员发现问题向监理工程师报告,监理工程师发现问题向总监理工程师报告,总监理工程师定期向公司领导汇报工程情况。口头报告制度要求总监理工程师与发包人保持联系,及时沟通重要问题并处理意见。书面报告包括定期报告和不定期报告。定期报告包括监理月报和监理工作年度总结。不定期报告则涵盖了多个方面,如资金使用计划、工程变更、合同执行情况、施工质量情况、设计优化建议等。发生重大事故或紧急事件时,监理部需及时处理并口头通知发包人,24 h 内提交书面报告。

2.2.1.8　参加验收、移交资料

　　工程完工后,督促承包人及时整理、归档各类资料;组织、主持或参加验收工作,签发工程移交证书和工程保修责任终止证书;监理工作完成后,向发包人提交有关档案资料、监理工作总结报告;向发包人移交其所提供的文件资料和设施设备。

　　监理工作流程见图 2-1。

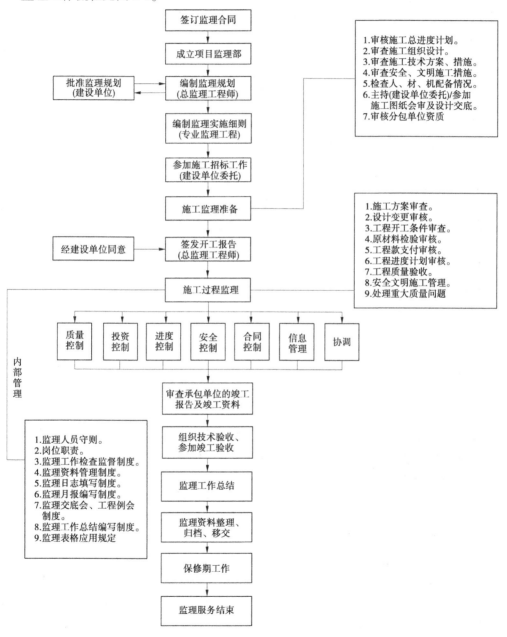

图 2-1　监理工作流程

2.2.2　监理工作依据

新珠监理公司开展建设监理的主要依据是国家或国家授权部门与机构批准的工程项目建设文件和工程建设合同文件。主要包括(不限于且始终执行最新)：

(1)委托人与监理人签订的此工程建设监理合同及补充文件等。

(2)委托人与承包人签订的此工程施工承包合同及补充文件等。

(3)委托人与其他单位签订的、与此工程项目建设有关的合同或协议等。

(4)有关的设计文件、图纸等。

(5)水利工程建设监理规定、水利工程建设项目施工监理规范及有关的法律法规、技术规程、规范、标准。

(6)委托人在监理合同执行过程中发出的有关通知、文函等。

2.2.3　监理工作方法

监理部门根据国家的法律法规、工程施工承包合同、建设监理合同和设计文件等,依据发包人所授予的权限,指导各方紧密协作,检查和监督工程承包人严格遵守工程施工承包合同,并正确运用监理的职责和技能,通过有序、高效的工作来促进工程建设整体目标的实现。监理的主要工作方法包括现场记录、发布文件、旁站监理、巡视检验、跟踪检测、平行检测和组织协调等。

2.2.3.1　现场记录

现场记录是现场施工情况最基本的客观记录,也是质量评定、计量支付、索赔处理、合同争议解决等的重要原始记录资料。监理人员需认真、完整地记录每日施工现场的人员、设备、材料、天气、施工环境及施工中出现的各种情况。对于隐蔽工程、重要部位和关键工序的施工过程,以及可能导致合同争议、变更、索赔的事件,采取照相或摄像等手段进行记录。

2.2.3.2　发布文件

发布文件既是施工现场监理的重要手段,也是处理合同问题的重要依据。监理人员采用通知、指示、批复、签认等文件形式进行施工全过程的控制和管理。

2.2.3.3　旁站监理

旁站监理是监理人按照监理合同约定,在施工现场对工程项目的重要部位和关键工序的施工作业,实施连续性的全过程检查、监督与管理。旁站是监理人的一种主要的现场检验和监督手段。对容易产生缺陷的部位,特别是重要隐蔽单元工程和关键部位单元工程,尤其应该加强旁站。

在旁站监理过程中,旁站监理人员必须检查承包商在施工中所用的设备、材料及混合料是否与已批准的配比相符,检查是否按技术规范和批准的施工方案、施工工艺进行施工,注意及时发现问题和解决问题,制止错误的施工方法和手段,尽早避免事故的发生。

2.2.3.4　巡视检验

巡视检验是监理人对所监理的工程项目进行的定期或不定期的检查、监督和管理。通过这种方式,监理人可以及时掌握现场施工情况,控制施工现场。

2.2.3.5 跟踪检测

跟踪检测,是在承包人进行试样检测前,监理人对其检测人员、仪器设备、拟订的检测程序和方法进行审核;在承包人对试样进行检测时,实施全过程的监督,确认其程序、方法的有效性及检测结果的可信性,并对该结果确认。监理人根据监理合同的约定制定监理跟踪检测计划,明确监理跟踪检测的项目和数量(比例),其中混凝土试样不应少于承包人检测数量的 7%,土方试样不应少于承包人检测数量的 10%。

2.2.3.6 平行检测

平行检测是监理人在承包人对试样自行检测的同时,独立抽样进行的检测,核验承包人的检测结果。监理人可以采取现场测量及实验室检测等手段进行平行检测。监理人根据监理合同的约定制定监理平行检测计划,明确监理平行检测的项目和数量(比例),其中:混凝土试样不应少于承包人检测数量的 3%,重要部位每种标号的混凝土最少取样 1 组;土方试样不应少于承包人检测数量的 5%,重要部位至少取样 3 组。

2.2.3.7 组织协调

监理人对施工过程中出现的各种问题和争议及时召集相关各方进行协调、调解。

2.2.4 监理工作制度

为了规范和标准化监理活动的实施,大藤峡水利枢纽工程监理部制定了一系列工作制度。

2.2.4.1 技术文件审核、审批制度

设计单位提交的施工图纸,以及由施工单位提交的施工组织设计、施工措施计划、施工进度计划、开工申请等文件均应通过监理部审核或审批,方可实施。

2.2.4.2 原材料、构配件和工程设备检验制度

对建筑材料、构配件的"三证"(产品合格证、出厂证明、材质化验单)进行检查,核实该建筑材料、构配件的名称、类型、数量、规格及标识,确认其是否符合国家标准、技术规范及设计图纸和图册的要求。进场原材料经施工单位自检、监理单位抽检,以试验报告作为依据判定该原材料是否合格,能否使用于工程,不合格材料严禁使用。

监理工程师发现承包人在工程中使用不合格原材料、中间产品及工程设备的,以书面指示禁止承包人使用,监督承包人按规定处置不合格品;对于已使用于工程实体的不合格品,提请发包人组织参建单位及有关专家进行论证,提出意见,并监督承包人按处理意见执行。

2.2.4.3 工程质量检验制度

施工单位每完成一道工序或一个单元工程,都应经过自检,合格后方可报监理工程师进行复核检验,上一道工序或上一个单元工程未经复核检验或复核检验不合格的,不得进行下一道工序或下一个单元工程的施工。

2.2.4.4 工程计量付款签证制度

所有申请付款的工程量均应进行计量并经监理工程师确认。未经监理部签证的付款申请,业主不进行支付。

2.2.4.5 会议制度

会议制度包括第一次工地会议、监理例会和监理专题会议。会议由总监理工程师或

由其授权的监理工程师主持,工程建设有关各方应派员参加。

2.2.4.6　施工现场紧急情况报告制度

针对施工现场可能出现的紧急情况编制相应的应急处理措施及预案。当发生紧急情况时,立即向业主报告,并指示施工单位立即启动应急预案进行处理。

2.2.4.7　工作报告制度

及时向业主提交监理周报、月报、年报和监理专题报告;在工程验收时,提交监理工作报告;在监理工作结束后,提交监理工作总结报告。

在施工单位提交验收申请后,监理部对其是否具备验收条件进行审核,并根据有关规程或合同约定,参与、组织或协助业主组织工程验收。

2.2.5　监理内部管理制度

2.2.5.1　监理工作准则

(1)认真贯彻执行工程建设的法律法规、规范、标准和制度,遵循"守法、诚信、公正、科学"的准则,维护国家的利益。

(2)本着"严格监理、热情服务、公正廉洁、一丝不苟"的原则,按照监理合同的要求,根据相应的专业规定和公认的行业准则,谨慎而勤奋地履行监理服务,包括正常服务和附加服务。

(3)按照"公正、独立、自主"的原则,开展工程建设监理工作,维护发包人和承包人的合法权益。

(4)独立承担受委托的监理业务,不从事超越监理委托合同规定权限的活动。

(5)不与施工承包人、设备制造单位、材料供应单位发生经营性关系。

(6)接受发包人的检查、监督、考核,定期向发包人报告监理工作的开展情况。

(7)因监理过失造成重大事故,按合同规定承担一定的经济责任,并对当事人进行处理,或撤换不称职的监理人员。

2.2.5.2　监理人员守则

(1)热爱建设监理事业,努力钻研业务,兢兢业业搞好本岗位的工作,为工程建设监理事业尽心尽职。

(2)遵守国家各种政策、法律法规和规定,认真执行国家有关建设监理的政策和法规。

(3)信守合同、恪守诺言、自重自律、秉公办事、清正廉洁,以科学的工作态度和实事求是的原则处理各方面的关系,维护国家的利益,维护发包人和承包人的合法权益。

(4)熟悉工程的设计和施工,掌握工程设计和施工的有关规程、规范和技术标准,一丝不苟地按合同、设计、规范进行监理。

(5)坚持独立自主的工作,不在政府部门和设计,施工,材料设备的生产、供应等单位兼职,不为监理的项目指定施工分包人。

(6)不接受监理酬金之外的承包人及材料设备厂家给予的任何形式的回扣、奖金、津贴等一切间接报酬,不与承包人进行各种不正常的交往。

(7)不泄漏监理工程各方认为需要保密的事项。

(8)珍惜监理工程师的声誉,不做任何有悖于监理职业道德的事,敢于抵制不良倾向。认真工作,诚实做人,不得用谎言和欺骗手法对待发包人和承包人。

2.2.5.3　总监理工程师服务质量检查监督制度

新珠监理公司每年对总监理工程师(含副总监理工程师)至少进行一次监理服务质量检查,主要就总监理工程师(含副总监理工程师)在现场的管理情况、对内对外协调能力及监理工作成效进行检查评定。

2.2.5.4　监理工程师服务质量检查监督制度

总监理工程师每半年对各专业监理工程师监理服务质量和工作情况检查一次,主要就监理工程师的岗位表现和行为规范进行检查评定。

2.2.5.5　发包人对监理服务质量监督反馈制度

作为受委托进行工程监理的服务机构,监理人的工作必须接受发包人的监督检查。新珠监理公司每年对发包人回访一次,听取发包人对监理服务的意见,考察监理部服务质量及发包人对监理工作的评价,并以此作为公司对监理部和总监理工程师考核的重要依据。

2.3　监理规划及实施细则

监理规划,涉及现场监理机构组织、工作目标、工作方法、资源配置、人员管理等内容,是监理合同义务履行的纲领性文件,也是监理机构开展工作的实施性文件。监理规划由总监理工程师主持编制,专业监理工程师参与编制,监理规划的内容、格式应符合监理规范和监理合同文件的要求,监理工作内容、范围应与监理合同相一致。监理规划应在召开第一次工地会议(或同发包人商定的提交时间)前编制完毕,并为监理单位技术负责人审批和印刷留有充分的时间。监理部根据相关要求,组织编写了"大藤峡水利枢纽工程船闸、黔江副坝、南木江副坝施工监理及砂石料系统工程监理规划""大藤峡水利枢纽工程船闸、黔江副坝、南木江副坝土建及机电、金属结构安装工程和砂石加工系统工程安全监理规划"和"大藤峡水利枢纽右岸工程施工监理规划""大藤峡水利枢纽右岸工程安全生产监理规划",对监理范围、监理工作方法做出了详细的规定,以指导监理工作开展。

监理实施细则,是现场监理人员开展工作的依据和指导性文件。监理实施细则主要适用于大藤峡水利枢纽工程船闸、黔江副坝、南木江副坝、砂石料系统工程、混凝土工程、鱼道工程等各项工程,其中具体包括工程开挖、填筑、混凝土、浆砌石、金属结构安装、电气设备安装、试验检测与测量、进度控制、信息管理、工程验收、环境保护与水土保持等各项目的监理工作。

监理部根据相关要求与监理需要,对大藤峡水利枢纽左岸工程组织编写了14条实施细则,如"金属结构与设备安装工程监理实施细则""灌浆工程监理实施细则""混凝土工程监理实施细则"等,对右岸工程组织编写了23条实施细则,如"二期围堰混凝土防渗墙施工监理实施细则""大藤峡水利枢纽右岸工程二期围堰拆除施工监理实施细则""大藤峡水利枢纽右岸工程鱼道工程监理实施细则"等。

3 监理工作内容

新珠监理公司按照国家法律法规、规程规范、行业规定、监理合同和委托人审批的要求,制定了工程建设监理大纲,以确保工程建设的质量、安全、投资和进度控制,以及信息管理和合同管理等工作。同时,按照工程承包合同的规定,及时发布开工令、停工令、返工令和复工令等,协调各方工作关系,为确保大藤峡水利枢纽工程按时高质量完工做出了巨大贡献。

3.1 准备工作

3.1.1 监理机构的准备工作

施工准备阶段的管理是监理工作的一个主要组成部分,监理工程师应要求承包人按约定及时调遣人员和施工设备、材料进场进行施工准备,并在单位工程、分部工程开工前,核查承包人派驻现场的主要管理人员、技工的施工资历和经验、管理能力、技能水平等是否同投标文件一致,如有差异,可依有关证件和资料重新评定其是否能令人满意地完成工作任务,不能胜任者,要求承包人更换。

新珠监理公司在开展大藤峡水利枢纽工程项目监理活动前,通过督促承包人复核和检查施工图纸及基准数据,编写报送安全检测项目施工措施计划,审查审批承包人的质量体系、管理组织、施工测量机构、施工人员资质,从而达到完善整个施工组织、优化项目资源配置和管理体系的效果。

监理部门在准备阶段的检查工作主要包括核查承包人的施工组织设计文件编制、现场管理人员资质、进场设备和监测仪器是否符合技术标准和规范要求,以及承包人在施工安全、环境保护、规章制度制定和岗位施工人员资格等方面是否符合要求。

为了确保监理工作的规范和有效进行,监理部门编制了一系列完整的工程监理制度文件、程序文件和工作手册,包括监理规划、监理工作制度、监理实施细则、执行标准清单、强制性条文实施计划、关键工序和隐蔽工程旁站方案、工程相关表格及单元工程评定相关表格等。同时,监理部门还制定了监理部门的考核办法,并建立了质量终身制档案,明确了质量管理和安全控制的目标。

3.1.2 开工条件检查

大藤峡水利枢纽工程施工单位在完成合同工程开工准备后,向监理部提交合同工程开工申请表。监理部在检查业主单位提供的施工条件、施工单位的施工准备情况等各项条件均满足开工要求后,批复施工单位的合同工程开工申请。

3.1.2.1 合同开工条件

大藤峡水利枢纽船闸及砂石料系统工程施工单位在完成合同工程开工准备后,向监理部提交合同工程开工申请表。监理部在检查业主单位提供的施工条件、施工单位的施工准备情况等各项条件均满足开工要求后,批复施工单位的合同工程开工申请。

(1)检查业主单位提供的施工条件,包括首批开工项目施工图纸的提供情况、测量基准点的移交情况、施工用地的提供情况,以及施工合同中约定由业主单位提供的施工资源和条件的提供情况。

(2)检查施工单位的施工准备情况,包括施工单位派驻现场人员与施工合同是否一致、原材料和仪器设备是否符合合同约定、检测条件是否符合要求、基准点复核和控制网布设情况、场内施工设施准备情况、施工单位质量、安全保障体系建设情况、施工文件提交情况、施工工艺试验是否完成等。

3.1.2.2 分部工程开工条件

(1)分部工程开工前,施工单位向监理部报送分部工程开工申请表,经监理部批准后方可开工。

(2)为了避免不必要的重复性工作,对施工作业相同或相近的分部工程,可一次申请和批复。

(3)根据施工条件和施工安排需要,施工单位可向监理部报送分部工程部分工作的开工申请,经监理审核批准后实施。

3.1.2.3 单元工程开工条件

第一个单元工程在分部工程开工批准后开工,后续单元工程凭监理工程师签认的上一个单元工程施工质量合格文件方可开工。

3.1.3 发布开工令

施工单位在完成上述工作后,按合同规定向大藤峡监理部报送"分部工程开工申请报告",经监理部审查,由总监理工程师或分管副总监理工程师签发工程开工许可通知。

3.2 质量控制

工程质量是工程建设的核心,也是监理工作的重点。监理工程师监督检查承包单位严格遵守施工技术规程规范和工程质量标准,并要求承包单位提供试验和检测成果;随工程项目施工进展,采用试验、度量、检查、检测、调试或抽样试验分析等手段对工程项目实施过程、中间产品与成品质量是否符合合同技术规范要求进行评价和验证。大藤峡水利枢纽工程监理质量控制的目标是:监督承包人切实履行合同义务,通过对工序质量实施事前、事中、事后的全过程、全方位跟踪监督和及时解决施工中存在的质量问题,使船闸、副坝、砂石料等工程项目满足设计文件、国家强制性标准和施工合同文件规定的质量要求,主要单元工程、分部工程、单位工程全部优良,质量合格。

在大藤峡水利枢纽工程施工过程中,监理工程师进行的质量控制方法如下:

（1）施工测量。

施工测量是施工质量控制、正确计量的依据和重要手段。监理人选派有资质、经验的测量监理工程师负责施工测量的监理工作。

①检查施工测量人员是否持证上岗；检查测量设备是否经计量监督部门检定合格，且合格证在有效期内。

②主持测量基准点、基准线和水准点及相关资料的移交，监督承包人对其进行复核和照管。

③审批承包人编制的施工控制网施测方案，并对承包人施测全过程进行监督检查，批复承包人施工控制网测量成果。

④审批承包人编制的原始地形施测方案，组织发包人、设计人、承包人进行原始地形联合测量，并采取复测或抽样复测的方法对原始地形测量成果进行复核。

⑤采用现场全过程旁站监理、抽样复测等方式复核承包人的施工放样成果。

（2）试验检测。

试验检测是工程质量检验和验收的重要手段，大藤峡监理部试验检测的主要方式包括平行检测和跟踪检测。

①平行检测。

平行检测是监理人在承包人对试样进行自行检测的同时，独立抽样进行的检测，核验承包人的检测结果。《水利工程施工监理规范》（SL 288—2014）规定：平行检测的检测数量，混凝土试样不应少于承包人检测数量的 3%，重要部位每种标号的混凝土最少取样 1 组；土方试样不应少于承包人检测数量的 5%，重要部位至少取样 3 组。

②跟踪检测。

跟踪检测，是在承包人进行试样进行检测前，监理人对其检测人员、仪器设备及拟订的检测程序和方法进行审核；在承包人对试样进行检测时，实施全过程的监督，确认其程序、方法的有效性以及检测结果的可信性，并对该结果确认。《水利工程施工监理规范》（SL 288—2014）规定：跟踪检测的检测数量，混凝土试样不应少于承包人检测数量的 7%，土方试样不应少于承包人检测数量的 10%。

（3）巡视检验。

巡视检验是监理人对所监理的工程项目进行的定期或不定期的检查、监督和管理。通过这种方式，监理人可以掌握现场施工情况，控制施工现场，是监理人所采取的一种经常性、最为普遍的方法。

（4）旁站监理。

旁站监理是监理人按照监理合同约定，在施工现场对工程项目的重要部位和关键工序的施工作业，实施连续性的全过程检查、监督与管理。旁站是监理人的一种主要现场检查形式。对容易产生缺陷的部位及隐蔽工程，尤其应该加强旁站监理。

在旁站检查中，监理人员必须检查承包商在施工中所用的设备、材料及混合料是否与已批准的配比相符，检查是否按技术规范和批准的施工方案、施工工艺进行施工，注意及时发现问题和解决问题，制止错误的施工方法和手段，尽早避免事故的发生。

（5）现场记录和发布文件。

监理人员要认真、完整地记录每日施工现场的人员、设备、材料、天气、施工环境及施工中出现的各种情况,记录文件作为处理施工过程中合同问题的依据之一。通过发布通知、指示、批复、签认等文件形式进行施工全过程的控制和管理。

3.2.1　事前质量控制

事前质量控制是指施工准备阶段进行的质量控制。事前控制是指在各工程对象正式施工活动开始前,对各项准备工作及影响质量的各因素和相关方面进行的质量控制。

3.2.1.1　质量控制措施的制定

工程项目开工前,监理部结合监理质量体系的编制,完成工程质量控制措施的制定。通过工程项目特点、施工条件和影响工程质量因素的分析与预控措施的研究,提出工程质量管理点、工程质量控制工作流程、重点或关键部位质量控制点,完善监理实施细则文件的编制,并在监理过程中贯彻和落实。

监理检查督促承包人是否依据 ISO 系列标准,建立健全适合于此工程的质量保证体系,并能切实发挥作用,督促承包人进行全面质量管理工作。

3.2.1.2　施工图纸的核查和签发

大藤峡水利枢纽工程监理部在收到发包人提供的施工图纸后,总监理工程师及时组织各部门、各专业监理工程师对施工图纸进行核查。对于施工图纸与招标图纸和合同技术条件中的重大偏离,组织发包人、设代机构和承包人代表召开专题协调会议,予以审议、分析、研究和澄清,必要时提请发包人组织有关专家会审。

监理机构不得擅自修改施工图纸,对核查过程中发现的问题,应通过发包人返回设代机构进行处理。核查图纸的主要内容包括:

(1)施工图纸与招标图纸是否一致。

(2)各类图纸之间、各专业图纸之间、平面图与剖面图之间、各剖面图之间有无矛盾,标准是否清晰、齐全,是否有误。

(3)总平面布置图与施工图纸的位置、几何尺寸、标高等是否一致。

(4)施工图纸与设计说明、技术要求是否一致。

(5)其他设计文件及施工图纸的问题。

经核查的施工图纸由总监理工程师签发,并加盖监理机构章后,承包人方可用于施工。承包人严禁无图纸施工或按照未经监理机构签发的施工图纸施工。

3.2.1.3　设计技术交底

大藤峡水利枢纽工程监理部在工程项目开工前,通过主持或与发包人联合主持设计交底会议,由设代机构进行设计技术交底,使承包人明确设计意图、技术标准和技术要求。

3.2.1.4　检查承包人的施工准备工作

(1)检查承包人派驻现场的主要管理、技术人员及特种作业人员数量及资格是否与施工合同文件一致。如有变化,应重新审查并报发包人认定。

(2)检查承包人进场施工设备的数量和规格、性能是否符合施工合同约定,进场情况和计划是否满足开工及施工进度的要求。

(3)检查进场原材料、中间产品和工程设备的质量、规格、性能是否符合施工合同约定,原材料的储存量及供应计划是否满足工程开工及施工进度的需要。

(4)检查承包人的检测条件或委托的检测机构是否符合施工合同约定及有关规定。检查的内容主要包括：

①检测机构的资质等级和试验范围的证明文件。

②法定计量部门对检测仪器、仪表和设备的计量检定证书、设备率定证明文件。

③检测人员的资质证书。

④检测仪器的数量及种类。

(5)检查承包人对发包人提供的测量基准点复核情况，以及承包人在此基础上完成施工测量控制网的布设及施工区原始地形图的测绘情况。

(6)检查砂石料系统、混凝土拌和系统与场内道路、供水、供电、供风及其他施工辅助加工厂、设施的准备情况。

(7)检查承包人的质量保证体系。检查的具体内容包括：质检机构的组织和岗位职责、质检人员的组成、质量检验制度和质量检测手段等是否满足施工合同及相关规程规范的要求。

(8)检查承包人的安全生产管理机构和安全措施文件。检查的具体内容包括：安全管理机构的组织和岗位职责、安全管理人员的组成、安全管理制度和安全措施等是否满足施工合同及相关规程规范的要求。

(9)检查承包人提交的施工组织设计、专项施工方案、施工措施计划、施工进度计划、资金流计划、安全技术措施、度汛方案和灾害应急预案是否完成并经监理人审批同意。

(10)检查应由承包人负责提供的设计文件和施工图纸文件(如临时工程、导截流工程等)是否完成并提交给监理人审批。

(11)检查承包人是否按照施工规范要求需要进行施工工艺试验，施工工艺试验成果是否提交监理人审批。

3.2.1.5　对发包人的准备工作的检查

主要检查首批开工项目施工图纸和文件，测量基准点的移交，施工用地及必要的场内交通条件，首次工程预付款的付款情况，施工合同中约定应由发包人提供的道路、供电、供水、通信等合同项目开工准备工作是否完成。

3.2.1.6　工程项目划分

按照《水利水电工程施工质量检验与评定规程》(SL 176—2007)，根据此工程的特点，承包人按单位工程、分部工程、单元工程三级进行项目划分，监理部审核后报发包人审批，审批完成后由发包人报此项目质量监督机构备案。

3.2.1.7　开工申请的审批

1. 审批合同工程开工申请

承包人在完成合同工程开工准备后，向大藤峡水利枢纽工程监理部提交合同工程开工申请表。监理部在确认承包人开工条件准备完成后，批复同意合同工程开工。

2. 审批分部工程开工申请

分部工程开工，承包人必须按合同和相关规程规范的要求，编制并上报分部工程施工措施计划、分部工程进度计划、经监理部确认的工艺试验成果、施工安全交底记录、施工技术交底记录及分部开工申请表。经确认分部工程开工准备工作完成后，监理部批复同意分部工程开工。

3. 审批单元工程开工申请

第一个单元工程应在分部工程开工批准后开工,后续单元工程的开工凭监理工程签认的上一个单元工程施工质量合格文件方可开工。

混凝土浇筑开仓,监理部对承包人报送的混凝土浇筑开工报审表进行审批。经监理工程师现场检验符合混凝土开工条件的,方可予以签发。

凡需要进行地质编录或竣工地形测绘的,在工程开工前,还必须同时具备该项工作完成的签证记录。

为有利于工程施工的紧凑进行,对于开工准备就绪,并且工程开工不影响地质编录或测绘工作完成的,经承包人申报,监理工程师在上一个单元工程检验合格的同时,签发下一个单元工程开工签证。

3.2.2　事中质量控制

事中质量控制即施工工程中进行的所有与施工过程相关各方面的质量控制,也包括对施工过程中的中间产品(工序产品或分部、分项工程产品)的质量控制。主要包括以下几个方面。

3.2.2.1　原材料质量检测

原材料包括砂、石、水泥、粉煤灰、外加剂、钢筋、锚索等。中间产品包括砂浆、混凝土等。监理部按照规定抽检比例对原材料和中间产品进行独立抽检。

原材料进场后,由监理工程师组织验收工作,并要求承包人按材料类别、进场批量填报"工程材料/构配件报审表"。对于用于工程的主要材料,监理工程师先对其三证进行检查,确认是否符合国家标准、技术规范和设计要求。凡标识不清、质量有疑问或不符合合同规定的一般原材料,需要进行抽检。

需在现场配制的材料,在进行试配检验合格并经监理工程师审核合格后才能使用。新材料的应用需要通过试验和鉴定,代用材料需要符合结构构造的要求。对于进口材料和重要工程或关键部位所用材料,监理工程师进行全部抽检。耐压试验的材料和设备需要有试验记录,并经监理工程师审核合格后才能使用。

3.2.2.2　土石方工程

大藤峡水利枢纽土石方工程开挖工期紧,工程量大,部位多,开挖强度大。船闸上游引航道、闸室段及下游引航道开挖深度大,边坡陡,工程地质条件差,边坡安全问题突出。船闸闸室段和下游引航道段不仅开挖深度大,且该部位地下水位高、地下水丰富,基坑排水任务重。土石方开挖质量影响整个工程项目的质量,以及建筑物、边坡的安全稳定。土石方工程开挖的监理工作内容主要包括以下几个方面。

1. 审核承包人的施工方案

承包人根据施工图纸、现场施工条件及合同工期要求等编制切实可行的施工方案并报监理工程师审批。监理工程师对施工方案中施工布置及资源投入、施工方法和措施、钻孔爆破设计及爆破参数选择和控制措施、边坡防护支护和监测、施工排水和弃渣场的布置及防护等环节进行审查,确保其合理、有效,符合规范和设计图纸的要求。

2. 钻孔爆破的设计和试验

爆破施工需进行专门的钻孔爆破设计。边坡开挖一般采取光面爆破或预裂爆破,主体开挖一般采取梯段爆破。承包人根据现场地质条件选用若干典型的岩石进行爆破试验,通过对爆破效果(包括炮孔残孔率、围岩破碎情况、超欠挖情况等)的比选,选择合理的爆破材料和爆破参数,并将试验结果报送监理工程师。爆破试验结果经监理工程师审批同意后执行。

3. 土石方明挖质量监理控制要点

监理工程师监督承包人按已批复的施工方案进行土石方明挖施工,发现问题要求承包人及时整改。监理工程师对土石方明挖质量控制的要点包括以下内容:

(1)要求承包人严格执行施工方案规定的开挖分区、分段和开挖程序。

(2)承包人按爆破试验结果确定的爆破参数进行施工。爆破前,监理工程师检查炮孔布置、孔径、孔深、孔斜、装药量、堵塞方式、起爆网络布置等。爆破后,监理工程师检查炮孔残孔率、围岩破碎情况、超欠挖情况,要求承包人根据爆破效果合理调整爆破参数,保证爆破作业效果。

3.2.2.3 基础处理工程

由于船闸基础岩层复杂,基岩上部风化破碎、岩溶区溶沟溶槽发育、地下涌水通道网状连通,不确定因素多,在施工时需要采取灌浆处理。除常见的固结灌浆和帷幕灌浆外,还采取了岸坡接触灌浆、混凝土坝接缝灌浆、基岩有盖重灌浆、基岩无盖重灌浆、覆盖层灌浆等各种类型灌浆,质量控制技术难度大、情况复杂。

灌浆施工的监理工作内容主要包括以下几个方面:

1. 检查灌浆材料和机具

当进行施工时,监理工程师确保水泥、外加剂、灌浆用水、掺合料等材料的质量符合设计或相关规范的要求。同时,灌浆设备和机具应与浆液类型和灌浆需要相适应,维护保养工作应及时进行,并备有备件。此外,浆液拌制设备应配备称量设备并经质量监督部门检定合格。压力表、流量计、灌浆自动记录仪也应经过检定,并定期进行复检。在安装灌浆管路连接、压力表、流量计及灌浆自动记录仪时,需要遵循施工规范的要求,确保其安全可靠。浆液的配比应符合设计和规范要求,确保灌浆效果。对于浆液温度,在 5~40 ℃范围内可保持稳定。在寒冷季节应采取防寒保暖措施,而在炎热季节则需要采取防晒和降温措施,以确保浆液质量不受温度影响。

2. 钻孔的质量控制措施

在进行灌浆作业前,监理工程师逐孔检查灌浆孔的孔位布置、孔径和孔深是否符合规范要求。同时,监理工程师检查帷幕灌浆孔的孔斜度和孔底偏差是否符合规定。在钻孔过程中,如果出现异常情况,如掉钻、坍孔、钻速变化、回水变色、失水、集中漏水或涌水等,应立即查明原因,并进行相应的处理后再继续钻进作业。当灌浆孔的钻进作业结束后,应进行钻孔冲洗,以清除孔底的沉积物。孔底的沉积厚度不应超过 20 cm,以确保灌浆孔在施工后的质量和效果符合要求。

3. 灌浆试验的质量控制措施

灌浆施工前,监理工程师要求施工单位进行灌浆试验。监理工程师对灌浆试验的全过程进行旁站监理,并详细记录现场试验的每一步骤和相应的结果,并对灌浆试验相关资料进行初步分析。灌浆试验完成后,监理部要求施工单位及时整理、汇总灌浆试验资料,并将灌浆试验的最终结果上报监理部,经监理工程师审批同意后在下阶段施工中执行。

4. 灌浆的质量控制

监理工程师对灌浆全过程进行旁站监理,监督承包人按已批复的灌浆参数和施工工艺进行灌浆作业。灌浆过程中,灌浆压力或注入率突然改变较大时,应立即查明原因,并采取相应措施处理。

3.2.2.4 混凝土工程

混凝土工程范围包括船闸主体、上下引航道、事故门库坝段、南木江副坝及黔江副坝等部位。混凝土总工程量约 248.68 万 m³,混凝土浇筑强度高,温控难度大,工期紧张。

混凝土工程的监理工作内容主要包括以下几个方面。

1. 混凝土拌和

在混凝土施工过程中,需要严格遵守以下要求:

(1)必须进行各标号混凝土配合比试验,并将配合比结果报监理工程师审批。

(2)混凝土拌和系统的称量设备必须经过当地计量监督部门的检定且合格,监理工程师按照规范要求定期进行承包人的自行校正。

(3)在混凝土拌和前,承包人将骨料含水量检测结果和施工配合比报监理工程师审查,经监理工程师同意后,进行施工配合比的调整,严禁擅自调整施工配合比。

2. 混凝土运输和入仓

混凝土运输设备和运输能力必须能够满足混凝土浇筑的强度要求。运输设备应确保在运输过程中不发生混凝土分离、漏浆、泌水过多、温度回升或坍落度降低等现象。在混凝土运输和浇筑过程中,需要为运输工具和浇筑地点提供遮盖或保温设施。对于混凝土的入仓方式,应根据现场条件和浇筑强度综合选择,无论采用何种方式,都应采取措施避免砂浆损失和混凝土分离。另外,对于混凝土自由下落高度超过 2 m 的情况,必须采取缓降措施,以避免混凝土骨料分离。

3. 常态混凝土浇筑

在进行混凝土浇筑前,监理工程师详细检查地基处理情况,确保混凝土浇筑的准备工作、模板、钢筋、预埋件及止水设施等符合设计和规范要求。如果有不符合要求的情况,要求承包人进行整改,合格后才能进行浇筑。

混凝土表面缺陷包括混凝土表面结垢、斑点、蜂窝、麻面及不平整部位,当发现上述现象,监理工程师及时发出整改通知,并指令承包商进行修复,修复后的混凝土保持正常养护。完成修复部位经检查无干缩裂缝和空洞鼓声,外观颜色与周围混凝土保持一致,并经监理工程师检查认可。外观质量检查主要要求外表平整光滑、分层合理、模板安装纵横接缝一致。

3.2.2.5 闸门安装

闸门安装包括人字闸门、反向弧形闸门、弧形闸门、平面闸门等,闸门安装的监理工作内容主要包括以下几个方面:

(1)安装单位必须提供施工总体规划、施工方案、施工组织设计、施工总进度表和质量安全保证措施等文件。监理工程师审核安装单位提交的方案、图纸、设计和进度表,并对安装单位的专业技术人员资质、机械设备及施工准备工作进行现场检查和审核。经过审查,确保具备了开工条件后,才能允许安装单位进行安装作业。

(2)监理部组织并监督安装单位按照相关质量标准和技术要求,进行金属闸门和相关附件的验收和开箱清点。在闸门等金属结构设备运至施工现场时,要堆放平整,并采取防雨防潮措施,避免变形和碰撞破坏。

(3)在闸门安装施工过程中,监理工程师进行全程旁站监理,监督安装单位按照已批复的安装方案进行施工,以确保安装质量。安装过程中,安装单位必须填写"三检表"和工序检验表,经监理工程师现场检验合格后,才能进行下一道工序的施工。每个单元工程完成后都要进行及时的质量检验和评定,经监理工程师复核合格后,签署合格证。闸门安装完毕后,应在无水条件下进行全行程的启闭试验。在启闭时,应在止水橡皮处浇水润滑。启闭过程中,检查滚轮、止水的运行情况,并检查启闭设备左右两侧是否同步,以及止水橡皮是否破损。对工作闸门进行动水试验,检验闸门在动水条件下的运行情况。

3.2.2.6　砂石料系统工程

大藤峡水利枢纽砂石料源主要为天然砂砾料,选择江口料场的天然砂砾料作为此工程砂石料主料源,选择中桥石料场作为备用料源。砂石加工系统以生产常态混凝土骨料为主进行工艺设计,同时也能生产碾压混凝土骨料和砂石填筑级配料。根据大藤峡水利枢纽工程施工调整后的总进度安排,工程混凝土高峰时段的平均浇筑强度为 25 万 m^3/月(原合同高峰时段 18.58 万 m^3/月),反滤、垫层料及砂料第 3 年平均填筑强度为 4.04 万 m^3/月。

为保证工程建设总体进度目标,对大藤峡砂石系统工程进行增容改造(包含因天然料级配不均衡增加破碎料进行补充的改造)。原合同砂石系统规模如下:系统处理能力达到 55.20 万 t/月,加工系统毛料处理能力为 1 840 t/h,成品骨料生产能力为 1 628 t/h。增容改造后的规模如下:系统生产能力需满足每月 25 万 m^3 混凝土浇筑的供料需求。经计算,系统处理能力要达到 89.85 万 t/月,毛料处理能力需达到 2 567 t/h,成品骨料生产能力需达到 2 187.4 t/h。

砂石骨料系统工程的监理工作内容主要包括以下几个方面:

(1)系统生产运行过程中,督促承包人按经批准的施工措施、方案、计划、合同和规范要求作业、生产,文明施工。

(2)江口天然砂砾石料水下开采前,承包人应进行原始地形测量、区块分割布置、平衡开采与生产。开采过程中,监理工程师监督承包人按报经批准的料场开采规划、开采方案、施工措施,分块开采;水流流速较大时,检查督促承包人采取有效措施,避免细骨料流失。

(3)江口天然砂砾石料水下开采前,监理工程师督促承包人办理相关生产许可。开采、运输过程中,检查承包人落实水上作业安全保障措施情况。

(4)对江口天然砂砾石料水下开采区块进行开采验收。

(5)对砂石料加工生产、成品料供应进行检查、检测、监控、计量,要求承包人加强砂石料生产的产品检测,及时调整生产工艺,使产品质量符合合同及规范要求。

(6)检查承包人系统生产、运行、维护情况,文明施工,安全生产。

(7)进行监理的产品平行检测与质量控制。

3.2.3　事后质量控制

事后质量控制是指对通过施工过程所完成的具有独立的功能和使用价值的最终产品(单位过程或整个水利工程)及其相关方面的质量进行控制,主要在工程验收阶段、工程移交及工程保修期阶段进行。

3.2.3.1　**工程验收阶段监理工作报告**

在工程完工验收进行之前,监理部完成合同工程项目完工验收监理工作报告,其内容包括以下几个方面:

(1)监理工程项目概况(包括工程特性、合同目标、工程项目组成及施工进展等)。

(2)工程监理综述(包括监理机构、监理工作程序、工作方式与方法,以及监理成效等)。

(3)工程质量监理过程(包括工程项目划分、监理过程控制、质量检测、质量事故及缺陷处理,以及单位工程、分部工程、分项工程的质量检查与检验情况等)。

(4)施工进度控制(包括合同工程完成工程量、工程完工形象、合同工期目标控制成效、监理过程控制等情况)。

(5)合同支付进展(包括合同工程计量与支付情况、合同支付总额及控制成效)。

(6)合同商务管理(包括工程变更、合同索赔、工程延期及合同争议等情况)。

(7)工程评价意见。

(8)其他需要说明或报告的事项。

3.2.3.2　**完工后的工程资料移交**

工程通过完(竣)工验收后,监理部督促承包人根据工程承建合同文件及国家、水利部工程建设管理法规和验收规程的规定,及时整理其他各项必须报送的工程文件、岩芯、土样及应保留或拆除的临建工程项目清单等资料,并按发包人或监理的要求,及时一并向发包人移交。

3.3　进度控制

施工阶段的进度控制是水利工程建设进度控制的重点。做好施工进度计划与项目建设总进度计划的衔接,并跟踪检查施工进度计划的执行情况,在必要时对施工进度计划进行调整,对保证工程按期交付竣工使用具有重要意义。施工阶段进度控制的总任务,是在满足水利工程建设总进度计划要求的基础上,编制或审核施工进度计划,并对其执行情况加以动态控制,以实现工程按期建成交付的总目标。

大藤峡水利枢纽工程监理部进度控制的任务主要包括以下内容:

(1)协助发包人编制施工总进度计划,确定阶段性进度目标。

(2)审查批准承包人提供的施工进度计划,并监督检查其执行情况。

(3)督促承包人投入足够的施工资源,实现合同的工期要求。

(4)协助发包人审批与工程进度计划相适应的供图计划,督促设计单位按照设计合同和施工图纸供应协议的要求提供设计文件和施工图纸。

(5)按照工程承包合同的规定及时发布开工令、停工令、返工令和复工令等。

(6)当实际施工进度与计划进度出现较大的滞后偏差时,及时督促承包人采取赶工措施,同时与发包人研究确定是否调整进度计划。进度控制工作流程见图 3-1。

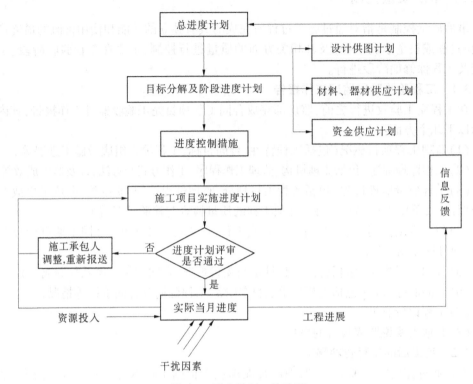

图 3-1　进度控制工作流程

监理部在项目中负责监督和控制工程进度,以确保项目按时完成,主要分为事前进度控制、事中进度控制和事后进度控制。在大藤峡水利枢纽工程施工监理的过程中,监理部采用的进度控制措施简述如下。

3.3.1　事前进度控制

事前进度控制是指合同项目正式施工前所进行的进度控制,其具体内容如下。

3.3.1.1　编制施工进度控制监理实施细则

施工进度控制监理实施细则,是监理人员在施工阶段对项目实施进度控制的一个具有可操作性的文件。主要包括以下内容:

(1)建立施工进度目标系统。

(2)施工进度控制的主要任务和管理部门机构设置与部门、人员职责分工。

(3)与进度控制有关的各项相关工作的时间安排,项目总的工作流程。

(4)施工阶段进度控制所采用的具体措施(包括进度检查日期、信息采集方式、进度报告形式、统计分析方法和信息流程等)。

(5)进度目标实现的风险分析。

3.3.1.2　编制或审批施工总进度计划

为了项目总体施工进度的控制与工作协调,监理人需要协助发包人编制施工总进度计划,以便对各施工任务做出统一时间安排,使标与标之间的施工进度保持衔接关系,据此审批各承包人提交的施工进度计划。

按照合同审批各承包人提交的施工进度计划是监理人进度控制的基本工作之一。经监理人批准的进度计划称为合同性进度计划,是监理人进度控制的重要依据。

3.3.1.3 审批单位工程施工进度计划

依据经批准的承包人总进度计划和工程进展情况,在单位工程开工前,监理人应审批承包人提交的单位工程进度计划,作为单位工程进度控制的基本依据。

3.3.1.4 审批承包人提交的施工组织设计

施工组织设计系统地反映了承包人为履行合同所采取的施工方案、作业程序、组织机构与管理措施、资源投入、作业条件、质量与安全控制措施等。因此,监理人应认真审核承包人的施工组织设计,以满足施工进度计划的要求。

3.3.1.5 检查开工准备工作

开工条件检查是监理人进度控制的基本环节之一。既包括检查发包人的施工准备,如施工图纸,应由发包人提供的场地、道路、水、电、通信及土料场等,又包括检查承包人的人员与组织机构、进场资源(尤其是施工设备)与资源计划及现场准备工作等。

3.3.2 事中进度控制

事中进度控制是指项目施工过程中进行的进度控制,这是施工进度计划能否付诸实现的关键环节。一旦发现实际进度与目标偏离,必须及时采取措施纠正这种偏差。事中进度控制具体包括以下内容:

(1)跟踪监督检查现场施工情况,包括承包人的资源投入、资源状况、施工条件、施工方案、现场管理和施工进度等。

(2)监督检查工程设备和材料的供应。

(3)做好监理日志,收集、记录、统计分析现场进度信息资料,并将实际进度与计划进度进行比较。分析进度偏差将会带来的影响并进行工程进度预测,审批或研究进度改进措施。

(4)协调施工干扰与冲突,随时注意施工进度计划的关键控制节点的动态。

(5)审核承包人提交的进度统计分析资料和进度报告。

(6)定期向发包人汇报工程实际进展状况,按期提供必要的进度报告。

(7)组织定期和不定期的现场会议,及时分析、通报工程施工进度状况,并协调各承包人之间的生产活动。

(8)检查、核实、组织向承包人提供按合同规定应由发包人提供的施工条件。

(9)处理好施工暂停、施工索赔等问题。

(10)预测、分析和防范重大事件对施工进度的影响。

3.3.3 事后进度控制

事后进度控制是指项目工序活动结束后进行的进度控制,主要包括及时验收、整理相关进度资料等。具体包括以下内容:

(1)及时组织验收工作。

(2)整理工程进度资料。施工过程中的工程进度资料一方面为发包人提供有用信息,另一方面也是处理施工索赔必不可少的资料,必须认真整理,妥善保存。

(3)工程进度资料的归类、编目和建档。

3.4 投资控制

投资控制也是施工阶段监理工作的重要内容。监理工程师需要在资金投入需求量、资金筹措、资金分配等方面有计划、有措施地协调运作,从而合理、稳妥地将工程实际结算值控制在合同费用额度内,确保投资不超过概算。

3.4.1 大藤峡水利枢纽工程施工监理投资控制的目标

大藤峡水利枢纽工程投资控制的目标是使工程实际结算值控制在合同费用额度内,确保投资不超过概算。监理工程师对施工合同费用进行有效控制,严格合同管理,避免不合理索赔事件的发生,确保监理计量、变更审查、索赔处理、材料管理工作零失误,避免任何不合理额外支付,确保发包人投资控制目标的实现;尽可能通过合理化建议,优化设计、施工方案,为发包人节省投资。

3.4.2 大藤峡水利枢纽工程施工监理投资控制的主要依据

大藤峡水利枢纽工程投资控制的主要依据包括有关法律法规,经批准的设计文件和施工承包合同文件,经监理发布的图纸、设计说明、设计变更等,定额站发布的材料价格及调整系数、有关概预算定额等,合同变更或补充协议等,以及工程质量合格证明。

监理工程师在对工程进行投资控制时应注意以下原则:

(1)严格执行施工承包合同中所确定的合同价、合同价调整的方法和约定的工程款支付方法。

(2)在报验资料不全、与合同约定不符、未经质量签认合格或有违约情况发生时不予审核和计量。

(3)工程量的计算必须符合有关的计算规则。

(4)坚持公正合理的原则处理由于设计变更、合同变更和违约索赔引起的费用增减。

(5)对有争议的工程量计量和工程款,要采取协商的方法确定,在协商无效时,由总监理工程师做出决定。

(6)对工程量和工程款的审核应在合同约定的时限内完成。

3.4.3 大藤峡水利枢纽工程施工监理投资控制的主要任务

(1)编制详细的控制工作程序。

(2)协助发包人编制投资控制目标和分年度投资计划。

(3)建立计量与支付、工程价格调整、组建评审组织机构。

(4)审核承包人完成的工程量和单价费用,签发计量和支付凭证。

(5)审核工程结算。

(6)审查承包人提交的资金流计划。

(7)处理工程变更内容,经发包人同意后下达工程变更令。

(8)受理索赔申请,进行索赔调查和谈判,提出索赔处理书面意见。

(9)定期向发包人提交项目投资控制分析报告,对施工过程中工程费用的计划值和实际值进行分析比较并提出建议。

投资控制工作流程见图 3-2。

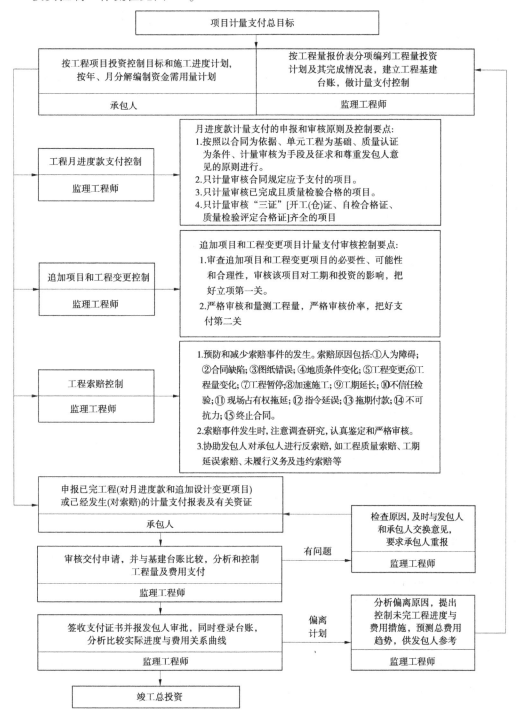

图 3-2　投资控制工作流程

3.4.4　大藤峡水利枢纽工程施工监理投资控制的主要内容

3.4.4.1　审核资金流计划

严格审核施工承包单位提交的资金流计划,协助发包人编制合同项目的付款计划;并根据工程实际进展情况,对合同付款情况进行分析,提出资金流调整意见。

3.4.4.2　付款台账

监理部建立合同工程付款台账,对付款情况进行记录,并根据工程实际进展情况,对合同工程付款情况进行分析,必要时提出合同工程付款计划调整建议。

3.4.4.3　审核工程计量

(1)大藤峡水利枢纽工程监理部工程计量审核应符合下列规定:可支付的工程量应同时符合属于合同工程量清单中的项目,或发包人同意的变更项目及计日工经监理部同意、所计量工程是承包人实际完成的并经监理部确认质量合格及计量方式、方法和单位等符合合同约定。

(2)工程计量应符合工程项目开工前,监理部监督承包人按有关规定或施工合同约定完成原始地形的测绘,并审核测绘成果。在接到承包人提交的工程计量报验单和有关计量资料后,监理部在合同约定时间内进行复核,确定结算工程量,据此计算工程价款。当工程计量数据有异议时,监理部可要求与承包人共同复核或抽样复测;承包人未按监理部要求参加复核,监理部复核或修正的工程量视为结算工程量。

(3)当承包人完成了工程量清单中每个子目的工程量后,监理部要求承包人派人共同对每个子目的历次计量报表进行汇总和总体量测,核实该子目的最终计量工程量;承包人未按监理部要求派员参加的,监理部最终核实的工程量视为该子目的最终计量工程量。

3.4.4.4　审核工程预付款

大藤峡水利枢纽工程监理部收到承包人的工程预付款申请后,按合同约定核查承包人获得的工程预付款的条件和金额,具备支付条件后,签发工程预付款支付证书。监理部在核查工程进度付款申请单的同时,核查工程预付款应扣回的额度。收到承包人的材料预付款申请后,按合同约定核查承包人获得的材料预付款的条件和金额,具备支付条件后,按照约定的额度随工程进度款一起支付。

3.4.4.5　审核工程进度款

(1)监理部在施工合同约定时间内,完成对承包人提交的工程进度付款申请单及相关证明材料的审核,同意后签发工程进度付款证书,报发包人。

(2)工程进度付款申请单填写应符合相关要求,支持性证明文件齐全,申请付款项目计量与计价符合施工合同约定,已完工程的计量、计价资料真实、准确、完整。

(3)工程进度付款申请单主要包括截至上次付款周期末已实施工程的价款、本次付款周期已实施工程的价款、应增加或扣减的变更金额、应增加或扣减的索赔金额、应支付和扣减的预付款、应扣减的质量保证金、价格调整金额、根据合同约定应增加或扣减的其他金额等内容。

(4)工程进度付款属于施工合同的中间支付。监理部出具工程进度付款证书,不视为监理部已同意、批准或接受了该部分工作。在对以往历次已签发的工程进度付款证书进行汇总和复核中发现错、漏或重复的,监理部有权予以修正,承包人也有权提出修正申请。

3.4.4.6 审核变更款支付

变更款可由承包人列入工程进度付款申请单,由监理部审核后列入工程进度付款证书。

3.4.4.7 审核计日工支付

(1)监理部经发包人批准,可指示承包人以计日工方式实施零星工作或紧急工作。

(2)在以计日工方式实施工作的过程中,监理部应每日审核承包人提交的计日工工程量签证单,包括工作内容和数量,投入该工作所有人员的姓名、工种、级别和耗用工时,投入该工程的材料类别和数量,投入该工程的施工设备型号、台数和耗用台时,监理部要求提交的其他资料和凭证等内容。

(3)计日工由承包人汇总后列入工程进度付款申请单,由监理部审核后列入工程进度付款证书。

3.4.4.8 审核完工付款

完工付款应符合下列规定:

(1)监理部在施工合同约定期限内,完成对承包人提交的完工付款申请单及相关证明材料的审核,同意后签发完工付款证书,报发包人。

(2)监理部审核的主要内容有完工结算合同总价、发包人已支付承包人的工程价款、发包人应支付的完工付款金额、发包人应扣留的质量保证金与发包人应扣留的其他金额。

3.4.4.9 审核最终结清申请单

最终结清应符合下列规定:

(1)监理部在施工合同约定期限内,完成对承包人提交的最终结清申请单及相关证明材料的审核,同意后签发最终结清证书,报发包人。

(2)监理部审核下列内容:

①按合同约定承包人完成的全部合同金额。

②尚未结清的名目和金额。

③发包人应支付的最终结清金额。

(3)若发包人和承包人双方未能就最终结清的名目和金额取得一致意见,监理部对双方同意的部分出具临时付款证书,只有在发包人和承包人双方有争议的部分得到解决后,方可签发最终结清证书。

3.4.4.10 审核质量保证金退还申请

监理部按合同约定审核质量保证金退还申请表,签发质量保证金退还证书。

3.4.4.11 审核施工合同解除后的支付

施工合同解除后的支付应符合下列规定:

(1)因承包人违约造成施工合同解除的支付。合同解除后,监理部按照合同约定完成下列工作:

①商定或确定承包人实际完成工作的价款,以及承包人已提供的原材料、中间产品、工程设备、施工设备和临时工程等的价款。

②查清各项付款和已扣款金额。

③核算发包人按合同约定应向承包人索赔的由于解除合同给发包人造成的损失。

(2)因发包人违约造成施工合同解除的支付。监理部应按合同约定核查承包人提交的下列款项及有关资料和凭证:

①合同解除日之前所完成工作的价款。

②承包人为合同工程施工订购并已付款的原材料、中间产品、工程设备和其他物品的金额。

③承包人为完成工程所发生的而发包人未支付的金额。

④承包人撤离施工场地及遣散承包人人员的金额。

⑤由于解除施工合同应赔偿的承包人损失。

⑥按合同约定在解除合同之前应支付给承包人的其他金额。

(3)因不可抗力致使施工合同解除的支付。监理部根据施工合同约定应核查下列款项及有关资料和凭证:

①已实施的永久工程合同金额,以及已运至施工场地的材料价款和工程设备的损害金额。

②停工期间承包人按照监理部要求照管工程和清理、修复工程的金额。

③各项已付款和已扣款金额。

(4)发包人与承包人就上述解除合同款项达成一致后,出具最终结清证书,结清全部合同款项;未能达成一致时,按照合同争议处理。

3.4.4.12　审核价格调整

监理部按施工合同约定的程序和调整方法,审核单价、合价的调整。当发包人与承包人因价格调整不能协商一致时,按照合同争议处理,处理期间监理部可依据合同授权暂定调整价格。调整金额可随工程进度款一同支付。

3.4.5　大藤峡水利枢纽工程施工监理投资控制的主要措施

3.4.5.1　组织措施

(1)监理部设置有合同商务组,并配备专职注册造价监理工程师,进行造价管理。

(2)监理部以实现工程资金使用过程控制为目标,通过现场组织协调,做好承包人对施工场地、施工道路的使用,水电供应与分配,材料、永久设备的供应等方面的协调管理工作。

3.4.5.2　技术措施

(1)分析研究设计图纸和文件,了解和领会设计意图,明确造价管理的重点,尽最大可能地对设计和施工方案进行优化。

(2)对重大设计变更进行事前评估,综合分析其对工程进度、质量和投资的影响,并报发包人审批。

(3)编制工程投资相关的监理实施细则,并在工程建设监理实践过程中适时修订完善,使工程投资管理与控制有章可循。

(4)建立计量支付台账,按照工程施工合同文件的规定,进行计量统计和复核,避免因计量出现差错而造成合同费用支付的偏差。

3.4.5.3 经济措施

(1)运用监理合同赋予的合同权利,对不合格的工程量不予计量。

(2)若不具备支付工程结算条件,根据合同文件的规定全部或部分扣付或暂缓支付。

(3)若已完工程未通过单元工程质量评定或发现有重大质量问题,按合同规定拒绝签证工程量及支付工程款。

(4)按合同相关约定对承包人违反合同约定的违约行为给予经济处罚。

3.4.5.4 其他措施

(1)加强现场监理记录、现场签证、计算机信息录入等工作,确保信息的完整性和准确性。

(2)按单元工程计算工程量,定期校核调整的工程量计量管理办法,确保工程量支付的及时性和准确性。

(3)定期进行工程资金使用控制内容的统计、存在问题分析,并及时向发包人报告,以保证发包人能全面地掌握工程的投资完成和投资完成偏差情况。

3.5 环境保护与水土保持

3.5.1 环境保护监理

大藤峡水利枢纽工程作为水利行业的标志性工程,环境保护与水土保持的起点高、标准高,环境保护监理主要目标是落实环境影响报告书中所确认的各项环境保护措施,使不利影响得到缓解或消除,保护人群健康,避免施工区传染病的暴发和流行,落实与环境保护有关的合同条款,控制环境保护投资的有效利用,以及实现工程建设的环境、社会与经济效益的统一。

由于工程规模大、项目多、历时长,所涉及的环境保护与水土保持影响因素也相应较多,主要有:

(1)枢纽工程距下游桂平市生活取水口较近,而工程施工、混凝土生产和生活等废水排放量大,废水排放对工程下游水质影响较大。

(2)工程爆破作业和运输车辆产生的扬尘对施工区及周围居民区空气质量的影响较大。

(3)工程弃渣量巨大,由于坝区雨季频繁,土石方开挖中土方比例较高,雨季保证开挖弃渣有序堆存的难度较大。

(4)工地人群密度较大,人群健康的防护对施工生产和当地居民的健康影响较大。

大藤峡水利枢纽工程监理部监督施工单位认真执行合同文件中有关环境保护、水土保持相关要求和标准。通过现场记录、发布文件、巡视检查和协调等监理工作方法,及时发现环境保护、水土保持所存在的问题,并督促施工单位及时整改,实现对环境保护、水土保持的有效控制。环境保护监理的基本工作程序主要包括：

(1)根据监理合同文件明确环境保护监理工作范围、内容和责权。

(2)明确环境保护监理工程师、监理工程师、监理员和其他工作人员。

(3)熟悉环境保护有关的法律法规、规章及技术标准，熟悉环境影响评价报告、环境保护设计、施工合同文件中有关环境保护的条款和环境保护监理合同文件。

(4)进行环境保护范围内污染源的实地考察，进一步掌握污染源的特点及其分布情况，尤其是对环境敏感区的情况。

(5)编制环境保护监理规划。

(6)进行环境保护监理工作交底。

(7)编制各专业环境保护监理实施细则。

(8)实施环境保护监理工作。

(9)督促承包人及时整理、归档环境保护资料。

(10)结清监理费用。

(11)向发包人提交环境保护监理有关的档案资料、环境保护监理工作总结报告。

(12)向发包人移交其所提供的文件资料和设施设备。

环境保护监理工程师在现场巡视检查中，对存在的环境问题，可直接要求承包人处理；对重要的环境问题，或要求承包人处理而未处理的环境问题，现场环境保护监理工程师在与现场工程监理工程师协商后签发环境问题通知，要求承包人限期解决。承包人应按通知的要求，采取一切有效措施，按时解决存在的问题，并向现场环境保护监理工程师报告。对环境问题通知中要求解决的环境问题，若承包人拒不解决或期满后仍未解决，现场环境保护监理工程师应向总监理工程师汇报，在与工程总监理工程师协商后，向承包人发出"环境行动通知"。在通知发出 14 d 后，若承包人仍未采取有效措施处理存在的环境问题，则发包人或其聘请的合格人员可以进驻现场对有关环境问题进行处理。由此引起的费用增加或损失均由承包人承担，通过监理人从下月给承包人的付款中扣除。在环境保护整改期间，应暂停对承包人的付款。环境保护工作流程见图 3-3。

为了确保环境保护监理的有效进行，大藤峡水利枢纽工程监理部环境保护监理内容和措施主要包括以下内容。

3.5.1.1　水污染防治

为了保证承包人排放的施工污水、生活污水不污染周围水域，不降低接纳污水的原有水体的水质等级，监理人要求承包人对生产、生活污水等采取治理措施，监督承包人严格执行有关污水排放的标准，并对生产、生活污水的来源、排放量、水质指标、处理措施和处理效果等进行监督检查。具体要求为：

(1)基础开挖和砂石料采集加工所产生的污水中含有大量的悬浮物(SS)，承包人必须按设计要求设置水沟塞或挡板、沉淀池等净化设施，保证排水悬浮物指标达标。

(2)清洗机械、车辆等的废水含油量大，必须经过油水分离器处理后方可排出。

(3)禁止向水体排放油类、酸液、碱液及其他有毒液体，禁止在水体中清洗装储过油类或其他有毒污染物的容器；禁止向水体排放、倾倒生产废渣、生活垃圾及其他废物；禁止向水体排放或倾倒任何放射性强度超标的废水、废渣。

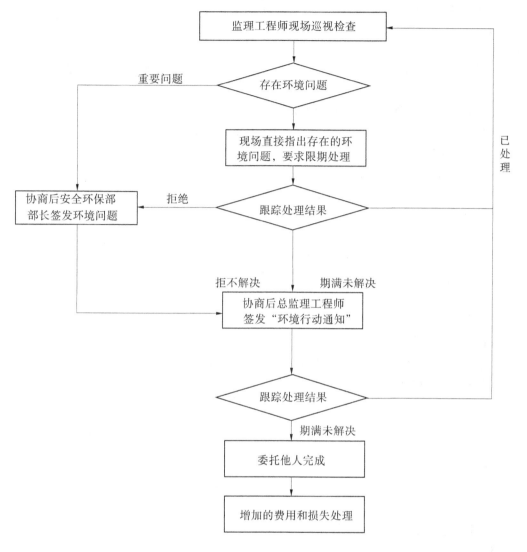

图 3-3 环境保护工作流程

（4）燃料库、化学药品库等应按照设计和合同要求，采取保护措施，避免污染土壤和水体。

（5）生活污水须经化粪池发酵杀菌后，按要求进行集中处理或由专用管道输送到无危害水域。化粪池的有效容积应能至少满足生活污水停留 1 d 的要求，同时应定期清理，以保证其有效容积。

（6）为防止地下水污染，禁止利用渗坑、渗井、裂隙排放或倾倒废水；防渗工程施工中加入的化学物质不得污染地下水；生活水井周围 150 m 范围内为水质保护区，应设立标志，区内不得存在医疗点、畜禽饲养场、渗水厕所、渗水坑，不得堆放垃圾、粪便、废渣和设置污水沟或污水管道。

要求承包人对本单位排放的污水进行定期监测和必要时的专门检测，若发现排放超标,必须采取相应的措施予以纠正。必要时,监理人还可指派有资质的监测单位对其排放的污水进行专门监测。

3.5.1.2 大气污染防治

要求承包人采取措施,保证生产过程中产生的废气、粉尘达到国家排放标准。具体要求如下:

(1)砂石料加工及拌和工序必须采取防尘措施。

(2)为防止运输扬尘污染和物料滑落伤人,装运水泥、石灰、垃圾等一切易扬尘的车辆,必须覆盖封闭。

(3)为防止公路扬尘污染,进场公路及场内施工路面必须定期洒水。

(4)各种燃油机械必须装置消烟除尘设备。

(5)严禁在施工区内焚烧产生有毒或恶毒气体的物质。

3.5.1.3 噪声污染防治

为了防治噪声危害,对产生强烈噪声或振动的作业,要求承包人采取减噪降振措施,选用低噪弱振设备和工艺,达到相应标准。承包人的生活营地和其他非施工作业区,应执行当地环保部门确定的标准。具体要求如下:

(1)任何单位或个人不准使用高音喇叭。

(2)进入营地和施工区的车辆不准使用高音或怪音喇叭。

(3)广播宣传或音响设备要合理安排时间,不得影响公众办公、学习和休息。

(4)避免其他噪声和电锯等扰民。

(5)凡产生强烈噪声和振动扰民的作业,必须采取减噪降振措施,选用低噪弱振设备和工艺。对固定噪声源,如拌和系统、砂石料系统、制冷系统等必须安装消音器,设置隔噪间、隔音罩或隔音岗亭。

(6)靠近生活区、居民生活区的承包人要合理安排作业时间,减少或避免噪声扰民。

(7)在交通干线两侧、营地、生活区周围应结合绿化种植隔音林带,改善生态环境,减轻噪声危害。

要求承包人对其责任区的敏感部位的噪声进行定期监测。

3.5.1.4 弃渣和固体废弃物的处置

施工弃渣和固体废弃物必须以《中华人民共和国固体废物污染环境防治法》为依据,按设计要求送到指定弃渣场,不得随意堆放。

(1)储存弃渣、固体废弃物的场所,必须采取工程防范措施,避免边坡失稳和弃渣流失。

(2)必须在施工区和生活营地设置临时垃圾储存设施,防止垃圾流失,定期将垃圾清走并进行覆土掩埋。

(3)禁止将含有铅、铬、砷、汞、氰、硫、铜、病原体等有害有毒成分的废渣随意倾倒或直接埋入地下。

3.5.1.5 生态保护

要求承包人加强保护野生动植物的宣传教育,提高保护野生动植物(包括水生动植物)和生态环境的认识。在施工过程中,必须注意保护动植物资源,尽量减轻对现有生态的损坏。对乱砍滥伐和捕捉野生动物的行为必须立即制止,并报告环境保护监理工程师和有关部门予以查处。发现或疑为珍稀动植物及其栖息生长地时,必须立即采取保护措施,并及时报告环境保护监理工程师。

3.5.1.6　人群健康

要求承包人对其雇员进行进场前的体检,不合格者不得入内。对进场雇员应每年至少进行一次体检,并建立个人档案。食品从业人员应按《中华人民共和国食品安全法实施条例》要求获得上岗证书,并要求承包人密切监视传染病疫情情况,发现疫情必须采取紧急控制措施,并及时报告防疫部门和监理人。

要求承包人对其雇员居住的环境及设施定期消毒和卫生清扫。要求承包人定期对鼠密度进行调查,鼠密度超过 3% 时,要采取强制灭鼠措施。

承包人的生活饮用水必须执行《生活饮用水卫生标准》(GB 5749)。为保证承包人的生活饮用水质量,应采取下列控制措施:

(1)生活用水水资源应设置明显的卫生防护带。

(2)供水单位必须对用氯量、余氯量及加氯系统运行情况做记录,并对水质进行定期监测。

(3)承包人应对选定的有代表性的供水龙头的游离余氯和粪大肠菌群进行定期监测。

(4)监理人定期与不定期地检查承包人的水处理措施落实情况和水质监测工作,发现问题,应在环境保护监理工程师的监督下及时处理。

3.5.2　水土保持监理

水土保持监理的主要任务是按照国家水土保持政策、法规和水土保持工程建设有关技术标准及其强制性条文、政府或建设主管部门批准的建设文件、水土保持设计文件、施工合同和监理合同中有关水土保持的条款及合同控制工程建设的投资、工期和质量,并协调建设各方的工作关系,采取组织、经济、技术、合同和信息管理措施,对建设过程及参与各方的行为进行监督、协调和控制。监理内容主要有协助发包人选择承包人及设备、工程材料、苗木和籽种供货人,审批承包人提交的有关文件,签发指令、指示、通知、批复等监理文件,监督、检查施工过程中现场安全和环境保护情况,监督、检查水土保持工程建设进度,检查工程项目的材料、苗木、籽种的质量和工程施工质量,处置施工中影响工程质量或造成安全事故的紧急情况,审核工程量,签发付款凭证,处理合同违约、变更和索赔等问题,参与或协助发包人组织工程预验收,协调施工合同各方之间的关系和其他监理合同约定的其他职责权限。

大藤峡水利枢纽工程水土保持监理采取的主要措施如下:

(1)拦渣工程和防涝排导工程施工中,应按照设计要求检查每一道工序,填表记载质量检查取样平面位置、高程及测试成果。应要求承包人认真做好单元工程质量评定并经监理人员签字认可,在施工记录上详细记载施工过程中的试验和观测资料,作为原始记录存档备查。

(2)拦渣工程和防洪排导工程基础开挖与处理的质量控制,应重点检测下列内容:

①坝基及岸坡的清理位置、范围、厚度,结合槽开挖断面尺寸。

②溢洪道、涵洞、卧管(竖井)及明渠基础强度、位置、高程及开挖断面尺寸和坡度。

③石质基础中心线位置、高程、坡度、断面尺寸、边坡稳定程度。

(3)拦渣坝体填筑的质量控制,应重点检测下列内容:

①土料的种类、力学性质和含水量,水泥、钢筋、砂石料、构配件等材料的质量及生产合格证。

②碾压坝体的压实干容重(或砂壤土干密度)及分层碾压的厚度。

③碾压坝体施工中有无层间光面、弹簧土、漏压虚土层和裂缝,施工连接缝及坝端连接处的处理是否符合要求。

④混凝土重力坝(或挡墙)混凝土标号、支模、振捣及拆模后外观质量,以及后期养护情况。

⑤拦渣坝体断面尺寸,考虑填筑体沉陷高度的竣工坝顶高程。

⑥防渗体的形式、位置、断面尺寸及土料的级配、碾压密实性、关键部位填筑质量。

(4)反滤体的质量控制,应重点检测下列内容:

①结构形式、位置、断面尺寸、接头部位和砌筑质量。

②反滤料的颗粒级配、含泥量,反滤层的铺筑方法和质量。

(5)坝面排水、护坡及取土场的质量控制,应重点检测下列内容:

①坝面排水沟的布置及连接。

②植物护坡的植物配置与布设。

③取土场整治。

④上方与周边来水处理措施与排水系统的完整性。

(6)放水(排洪)工程的质量控制,应重点检测下列内容:

①排洪渠、放水涵洞的工程形式、主要尺寸、材料及施工工艺。

②混凝土预制涵管接头的止水措施,截水环的间距及尺寸,涵管周边填筑土体的夯实质量,浆砌石涵洞的石料及砌筑质量,涵管或涵洞完工后的封闭试验。

③浆砌石卧管和竖井砌筑方法、尺寸、石料及砌筑质量,明渠及其与下游沟道的衔接。

④现浇混凝土结构钢筋绑扎、支模、振捣及拆模后外观质量,以及后期养护情况。

(7)造林工程的质量控制,应重点检测下列内容:

①苗木的生长年龄、苗高和地径。

②起苗、包装、运输和贮藏(假植)。

③苗木根系完整性,苗木标签、检验证书,外调苗木的检疫证书。

④育苗、直播造林所用籽种纯度、发芽率,质量合格证及检疫证书。

⑤造林的位置、布局、密度及配置。

⑥整地的形式、规格尺寸与质量。

⑦施工工艺方法。

⑧质量保证期的抚育管理。

⑨造林成活率。

(8)种草工程在施工中应对照设计,逐片观察,分清荒地或退耕地长期种草与草田轮作中的短期种草,应按设计图斑分别做好记录,合理认证数量。重点检测整地翻土深度,观察耕磨碎土的情况,查看是否达到"精细整地"的要求。应在规定抽样范围内取 2 m×2 m 样方测试种草出苗和生长情况。

(9)护岸护滩工程的质量控制,应重点检测下列内容:

①护岸护滩选型的合理性,布设位置,工程高度以上与地形的衔接。

②坡式护岸的材料与工程力学性能,护坡护脚工程的做法与施工工艺。

③坝式护岸护滩的形式、位置、主要尺寸,坝轴线与水位水流的影响关系。

④端式护岸的形式、材料及性能、断面尺寸,细部构造及墙基嵌入河床的深度、结构及稳定性。

⑤清淤清障的范围、障碍物的种类与堆积量、清淤清障进度安排与做法。

(10)坡面水系治理工程质量控制,应重点检测下列内容:

①截(排)水沟位置、断面尺寸与比降、过流能力、施工质量及出口防护措施。

②蓄水池与沉沙池布设位置,池体尺寸、容量,池基处理及衬砌质量。

③引水渠总体布设的合理性,建筑物组成与断面尺寸,过流能力,基础及边坡处理和施工质量。

3.6　施工安全

为加强安全管理,落实安全生产责任制,根据国家有关安全生产管理条例和大藤峡公司相关规定,监理部成立了安全生产领导小组及工作组,全面组织、管理监理部安全生产及安全监督管理活动。

施工安全的监理管理分为施工准备阶段和施工阶段的安全监理,其主要工作内容如下。

3.6.1　施工准备阶段的安全监理

施工准备阶段的主要任务是安全生产监理的事前控制,制定安全生产监理的程序,对不安全因素进行预控。

(1)制定安全生产监理程序。根据工程施工的工艺流程制定出一套相应的、科学的安全生产监理程序,对不同结构的施工工序制定出相应的检测验收方法,只有这样才能达到对安全的严格控制。在监理过程中,安全生产监理人员应对监理项目做详尽的记录和填写相关表格。

(2)调查可能导致意外伤害事故的其他原因。在施工开始前,了解现场的环境、人为障碍等因素以便掌握障碍所在和不利环境的有关资料,及时采取防范措施。

(3)审查分包单位安全资质和证明文件。

(4)审查安全技术措施。对承包人编制的安全技术措施进行审查。审查承包人对工程施工中的重大安全问题制定的安全技术措施和防护措施。同时,要求和监督承包人对高边坡等进行安全监测并审查对监测资料的分析报告。

①督促工程承包人按合同文件规定,在单位工程、分部工程开工前向监理人提交施工

组织设计或施工措施计划,编制详细的施工安全和劳动保护措施并报监理人批准。

②对于汛期施工的工程项目,督促承包人在开工前或进入汛期施工前,编制专门的安全度汛和防汛施工组织设计或施工措施计划报送监理人批准。

③对于危险性较大的分部工程,承包人应编制专项安全施工方案;对于超过一定规模的危险性较大的分部分项工程,承包人还应当组织专家对专项方案进行论证。

(5)检查承包人开工时所必需的施工机械、材料和主要人员是否到达现场,是否处于安全状态,特别是重型、大型设备;检查施工现场的安全设施是否已经到位。

(6)审查承包人的安全保证体系。在工程正式开工前,督促建立完善的施工安全保证体系,督促承包人建立健全安全管理工作体系和安全管理制度,对进场人员进行安全教育。

(7)对承包人的安全设施和设备在进入现场时进行检查,避免不符合要求的安全设施和设备进入施工现场,消除人身伤亡事故隐患。

(8)以单元工程为基础的施工安全许可签证。对于单元工程项目或工作开工,督促承包人在申报开工前进行施工安全与劳动保护措施检查,并在施工安全设施、措施和劳动保护工作落实自检合格的基础上向监理人申报开工许可签证。

(9)危险源辨识和重要危险源清单。要求承包人进行危险源辨识和编制重要危险源清单,并编制重要危险源应对措施,监理工程师进行审核并督促应对措施落实。

3.6.2　施工阶段的安全监理

(1)核查各类有关安全生产的文件的执行情况。

(2)检查承包人提交的施工方案和施工组织设计中安全技术措施的落实情况。

(3)检查工地的安全组织体系和安全人员的配备。

(4)审核承包人提交的各阶段工程安全检查报告。

(5)审核并签署现场有关安全技术签证文件。

(6)现场监督与检查。

(7)日常现场跟踪监理,根据工程进展情况,安全生产监理人员对各工序安全情况进行跟踪监督、现场检查,验证施工人员是否按照安全技术防范措施和按规程操作。

(8)对施工生产及安全设施进行经常性的检查监督,对违反安全生产规定的施工及时指示整改。

(9)对主要结构、关键部分的安全状况,除进行日常跟踪检查外,视施工情况,必要时可做抽检和检测工作。

(10)对每道工序检查后,做好记录并给予确认。

(11)施工设备运行的安全监督。

钻机、焊机、氧气瓶、探伤设备及吊装、运输等施工设备运行期间,要求监理人督促工程承包人加强对施工机械、设备、设施的管理、运行、保养和维护人员的培训、考核并应持证上岗。

(12)施工安全档案和报告管理。

督促工程承包人建立施工安全档案和安全隐患登记、整改、复检和销案制度,并按工程承建合同文件规定及时向监理人报告施工安全生产情况。工程施工期间,安全监理工程师要督促承包人报送施工安全作业月报,其内容主要包括文明施工和施工安全情况与评价,施工安全教育、培训及安全生产制度执行与检查情况,施工过程中安全检查和安全隐患整改情况,本月施工中存在的主要问题及下月加强施工安全工作的措施计划及其他需要报告和说明的情况。

(13)特种作业人员资质检查和认证。

承担爆破、运输、吊装、电焊、气割(焊)、探伤、电气试验及特种机械设备操作等特殊工种作业人员,必须按国家法令、法规规定经培训考核合格后持证上岗。经医生诊断,患有高血压、心脏病、贫血、精神病及其他不适于进行高处作业或其他特种作业人员,不得从事该项工作。

(14)安全标志检查。

工程施工期间必须在属于其使用或管理区域的重点部位设立告警、指示等必要的信号和标示。

(15)施工营区消防检查。

督促承包人按工程承建合同文件规定配备适量的消防人员和消防灭火设备、器材;消防人员应熟悉消防业务;消防设备和器材应随时检查保养,使其始终处于良好的待命状态。承包人在向监理人递交施工总规划的同时,应递交上述内容的消防措施和规划报告,报送监理人审批。

(16)监督安全防护规程手册编制。

监督承包人根据国家颁布的各种安全规程,结合自己的实践经验编制通俗易懂适合于此工程使用的安全防护规程手册。在下达书面开工令后,立即将安全防护规程手册送交监理人备案。安全防护规程手册应分发给承包人的全体职工及监理人员。

安全防护规程手册的内容包括:防洪和防气象灾害措施;安全帽、防护鞋袜及其他防护用品的使用;用电安全;灌浆作业的安全;混凝土浇筑的安全;爆破作业的安全;设备吊装作业的安全;探伤作业的安全;高空作业的安全;压缩空气作业的安全;焊接和防腐作业的安全和防护;意外事故和火灾的救护程序;电气试验的安全;信号和告警知识;化学制品作业的安全和有害气体的防护;其他有关规定。

(17)安全会议和安全防护教育。

①督促承包人在开工前组织有关人员学习安全防护规程手册,并进行安全作业的考核与笔试,考试合格的职工才准许进入工作面工作。

②督促承包人定期举行安全会议,检查、分析并解决施工安全中存在的问题,确保工程施工的有序进行和顺利进展。

③督促承包人在各作业班组设置安全员对该班作业情况进行检查和总结,并及时发现和处理安全作业中存在的问题。

④对于危险作业,督促承包人加强安全检查,并建立专门监督岗,在危险作业区附近设置标志,以引起工作人员的注意。

施工安全控制工作流程见图3-4。

在开工前,监理部编制了重要危险源应对措施,并组织工程施工人员进行危险源辨识

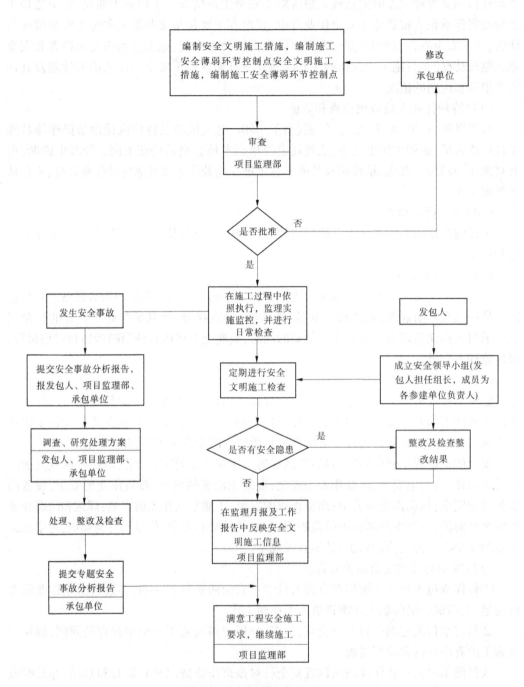

图 3-4 施工安全控制工作流程

和编制重要危险源清单,以做好危险作业的安全监督。经分析,此工程重要危险源或危险作业有爆破作业、高边坡作业、大型土石方作业、混凝土施工、施工用电、大型施工设备作业、消防、水上作业、防洪度汛等。

3.6.2.1 爆破作业的安全监督管理

监理工程师主要检查承包人以下行为:爆破作业前,承包人向当地公安部门申请爆破作业许可证,接受当地公安部门对爆破作业的监控,爆破工持证上岗,爆破前后鸣响规定信号,并规定一定的警戒范围,按规定的爆破参数控制装药,不得违规作业等。

3.6.2.2 高边坡作业的安全监督管理

高边坡作业方案和安全专项施工方案必须经过批准后方可开工。作业中的安全监测、排水系统、防护系统等必须按照设计规定进行施工,监测资料要及时报告监理人。

进行高边坡作业时,应根据具体情况使用符合要求的脚手架、吊架、平台、扶梯、安全带等,临空处应设置护栏或安全网等安全设施。安全网在使用前应按规定进行试验,合格后方可使用。作业搭设的云梯、工作台、脚手架、护身栏、安全网等,必须牢固可靠,并经验收合格后方可使用。

高边坡作业使用的各种机电设备和索道、缆绳、地笼等设施,应指定专人负责定期检查、维修。大风、大雨、大雪、雷击后也应立即进行检查、维修。高边坡作业人员严禁骑坐在脚手架的栏杆上或踏在、骑在安装牢的模板上。高边坡作业应设置可靠的扶梯作业人员,应沿着扶梯上下,不得沿着立杆或栏杆攀登。

3.6.2.3 大型土石方作业的安全监督管理

承包人应在开工前向施工人员进行技术交底,施工中加强技术管理,严格控制施工质量,合理组织施工程序,采取安全措施,防止事故发生。

土方开挖时需要根据土壤性质、含水量、土的抗剪强度和挖深等要素设计安全边坡及马道,严禁承包人随意修改边坡坡度。在靠近建筑物、路基、高压电塔、电杆等附近施工时,需要制定具体的防护措施。石方明挖前应清除浮石、杂物,在必要时设立安全防护栏和挖截水沟。开挖深度较大的坡面需要自上而下进行清坡、测量和检查,对不良地质构造应及时加固或防护。多台机械开挖时,挖土机间距应大于 10 m,挖土机工作范围内不得进行其他作业。挖土应自上而下逐层进行,严禁先挖坡脚或逆坡挖土。挖土方不得在危岩、孤石下方或贴近未加固的危险建筑物下方进行作业。在开挖过程中,需要严格按要求放坡,随时注意土壁的变动情况,如发现裂纹或部分坍塌现象,应及时进行支撑和放坡,并注意支撑的稳固和土壁的变化。

3.6.2.4 混凝土施工的安全监督管理

混凝土工程是多工种、多工序交叉的施工作业,施工过程中更需做好安全监督管理。

(1)模板。支、拆模板,必须上下作业,且应防止上下在同一垂直面操作,一定要有隔离防护措施。拆除模板时,操作人员严禁站在正拆除的模板上。对于滑模施工,其操作平台应设置消防、通信和供人迅速上下的设施,雷雨季节应设置避雷装置,操作平台上的施工荷载应均匀对称,严禁超载。拆模时的混凝土强度,必须达到《水工混凝土施工规范》(SL 677—2014)所规定的强度。

(2)钢筋。钢筋加工厂场地应平整,操作台要稳固,照明灯具须加网罩。用机械调直、切断、弯曲钢筋时,必须遵守所用机械的安全技术操作规程。焊接人员在操作时,应站在所焊接头的两侧,以防焊花伤人。

(3)混凝土。浇筑混凝土前,应全面检查仓内排架、支撑、拉条、模板及平台、漏斗、溜筒等是否安全可靠。在平仓振捣过程中,要经常观察模板、支撑、拉筋是否变形;振捣人员湿手不得接触振捣器电源开关;浇筑高仓位混凝土时,要防止工具和混凝土骨料掉落仓外,更不允许将大石块抛向仓外。

3.6.2.5　施工用电的安全监督管理

(1)生活、生产用电,除按照供电部门用电管理要求使用电源和架设线路外,还应做好用电安排,明确用电操作规程,落实管理责任制。

(2)自备发电设备的发电机、动力设备周围应有防护措施和棚舍,并有明显的标志,谨防闲杂人员随意摆弄设备;燃料应由专人保管。

(3)发送电设备要有专业人员操作,持证上岗,穿戴安全鞋帽;严禁离岗脱人和无证人员代岗代班。

(4)施工现场的用电线路、用电设施的安装和使用应当符合有关安装规范和安全操作规程,并按照施工组织设计进行架设,禁止任意拉线接电。施工现场应当设有保证施工安全要求的夜间照明、危险潮湿场所照明及手持照明灯具,应当采用符合安全要求的电压。

3.6.2.6　大型施工设备的安全监督管理

(1)监理工程师检查各种施工排架、支撑、扶梯等是否符合国家颁布的有关标准和要求。

(2)要求承包人对附属设备的结构、强度按照不同要求和不同工程环境进行必要的验算,并由安全监理工程师进行复核。

(3)检查机械设备的使用、管理计划及操作方法是否妥当;督促承包人根据工程进度定出使用机械的种类、性能、组合、台数、施工量及使用期限;使用租借机械时详细调查该租借机械的性能及操作者情况,杜绝贪图单价低廉而降低标准,防止机械伤害事故的发生。

(4)大型机械(包括运输车船)的操作人员必须具有专业知识和专业操作技能,并持有效执照上岗,严禁无证上岗、代岗。

(5)建立维修保养责任制和安全操作岗位制,非上岗人员不得随意摆弄设备,禁止无证人员操作玩弄设备。

(6)固定设备周围应做好防护措施,有明显的警示牌,避免闲杂人员误入危险区。

3.6.2.7　消防的安全监督管理

(1)树立"预防为主,以消为辅"的指导思想,督促承包人认真学习有关消防法规,层层签订责任协议书,保证工程建设过程中的消防安全。

(2)根据消防有关规定,危险品仓库、生活区内都要按规定配备各种消防器材。

(3)督促承包人落实专人负责,对消防器材进行定期检查,确保其效用。

(4)督促各承包人在发包人的统一领导下,搞好与当地村民的关系,互相尊重、互相支持、避免纠纷,与当地公安部门和有关单位加强治安联防和防火安全管理工作。各参建单位应按照公安消防主管部门要求,根据有关法规,建立健全承包人防火保安管理制度,落实公安消防责任制,采取有效措施确保安全。

(5)各施工现场应设立门卫,根据需要设置警卫,负责施工现场保卫工作,并采取必要的防盗措施,确保财产安全。进入施工现场的人员应当佩戴证明其身份的标卡。

3.6.2.8 水上作业的安全监督管理

(1)贯彻"安全第一、预防为主"的原则,承包人要以保护人的安全为第一要务,并注重设备的保护,在加强人员防护的基础上科学组织施工。

(2)监理部督促承包人建立健全各项安全保障体系,落实安全责任制,做好安全技术交底工作,以及相关安全专项方案的编制和报审工作。

(3)要求承包人调度室应随时与当地气象、水文站等部门保持联系,每日收听气象预报,并做好记录,随时了解和掌握天气变化和水情动态,以便及时采取应对措施。

(4)承包人参与施工的各种船舶(包括配合施工作业的交通船、运输船等)必须符合安全要求,同时还必须持有各种有效证书,按规定配齐各类合格船员。船机、通信、消防、救生、防污等各类设备必须安全有效。

(5)要求施工船舶与承包人调度室昼夜保持通信畅通,并按规定显示有效的航行、停泊和作业信号。

3.6.2.9 防洪度汛的安全监督管理

监理工程师在每年汛前协助发包人审查设计制定的防洪度汛方案和工程承包人编写的防洪度汛措施,协助发包人组织安全度汛大检查。监理工程师通过掌握汛期水文、气象预报,协助发包人做好安全度汛和防汛防灾工作。

3.7 协调管理

"以人为本、安全为天、质量为先",一切协调行为均为使工程建设顺利开展。大藤峡水利枢纽工程监理部通过沟通、协调与监理工程项目建设直接有关的各方关系,使工程项目建设各方活动协调一致,以顺利实现工程建设合同预定的各项目标。

3.7.1 协调管理的工作内容

监理部遵循在确保工程质量的条件下,促进施工进展;在确保工程施工安全、水土保持及环境保护的条件下,推进施工进展;在寻求委托人更大投资效益的基础上,正确处理合同目标之间的矛盾;在维护委托人合同权益的同时,以实事求是地维护承包人合法权益的工作原则来协调工程施工过程中施工进度、工程质量、施工安全、施工环境保护与合同支付等合同目标之间的矛盾。协调管理的主要工作内容如下:

(1)以实现工程总进度计划和工程建设合同工期为目标,做好各工程建设合同项目间的进度协调。

(2)以监理工程项目的施工总布置为依据,组织协调好各工程施工合同项目的施工布置,控制协调好各承包人对施工场地、施工道路等公用设施的使用。

(3)以工程建设合同为依据,在突出保证关键项目施工的同时,协调好施工用水、用电的供应与分配,组织协调好施工材料及永久设备的供应。

(4)协调好与发包人组建的试验检测中心等部门间的工作,配合上述部门及时开展相关工作。

(5)监理部内部各专业(部门)之间的协调:以工程施工进度为主线,按部门分工和职责,协调好部门间的工作关系和界面,使各部门监理工作协调统一,以促进监理部充分做好监理服务工作。

3.7.2　协调管理的工作方法

大藤峡水利枢纽工程监理部协调管理的工作方法主要如下。

3.7.2.1　第一次工地会议

在进驻工地后组织召开业主、设计、施工和监理等建设单位代表第一次工地会议,以确定合同各方的联系方式并明确监理程序,同时检查开工前各项准备工作是否就绪。

3.7.2.2　监理协调例会

随着工程施工进展,定期主持召开监理协调例会,以研究工程施工中出现的质量、安全、进度等方面的问题。对于技术方面比较复杂的问题,监理部组织采用相关专题会议的形式进行研究和解决。

3.7.2.3　会议记录与纪要文件

监理部在召开协调会议时,安排专人进行记录,做好参加会议的有关各方代表签名和会议记录,并做好文件管理。会后,监理部应及时整理成会议纪要文件,发送参会各方,以便各方执行。

3.7.3　协调管理的主要作用

施工现场监理工程师的协调工作目的,是优化工程质量。因此,协调本身包括监理工作中的协调和对职责的坚守,以及对各方的监督和管理。工程项目中,设计的质量决定着工程的质量,对设计单位的监理协调是一项非常重要的工作。施工过程中发现有关设计的问题,要尊重设计单位的意见,进行及时沟通,并向建设单位做出报告。与设计单位的协调,是对业主负责,也是对承包商负责,在保证工程质量的前提下可以加快工程的总进度,降低工程施工的消耗。对于有关工程质量的较大事件处理,必须及时与质量监管站进行沟通和交流,得到帮助和支持。对于重大质量事故,监理工程师要敦促项目的承包部门建立重大质量事故报告制度。接受质量监督,并协调好他们之间的关系,确保监理工作正当行使职权和监理权利有效实施,保证工程建设的监理目标。大藤峡水利枢纽工程监理部工作人员在施工现场的协调作用主要如下。

3.7.3.1　对工程设备及材料的采购进行协调

在工程开工前,工程施工单位应向监理工程师报备相关采购的原材料及设备厂家,询问厂家资质情况,以免出现原材料不过关导致后续施工出现质量问题的现象。监理工程师应积极主动与工程施工单位进行沟通及交流,了解施工单位主要的采购方向及市场信息,或直接向施工单位提出关于原材料及相关设备的采购要求,通过与施工单位负责人员共同对原材料、设备市场进行考察,对原材料及产品的多个厂家的生产质量、流程、市场信誉及质保售后等进行详细了解,最后通过比较及筛选的方式选择最终的原材料及设备供应厂家。监理工程师在此过程中的主要目的是控制原材料质量,保证工程质量水平及协调施工单位及建设单位的关系。

3.7.3.2　对施工现场的内部关系进行协调

在工程施工过程中,监理工程师主要是进行进度监督、质量控制、投资控制、安全控制、合同管理、信息管理及工程协调等工作内容,监理工程师严格按照投标承诺及合同文件等标准维护施工单位及建设单位的双重利益,严格把关工程质量;监理工程师在现场施工过程中会以旁站、巡视及平行检测等形式对工程质量及施工过程进行监督及记录,及时处理好工程质量及工期的问题;建筑施工过程中存在着较多的不可控因素,这些因素的影响将会导致各种各样的问题出现,最为突出的问题就是安全问题,监理工程师在施工现场进行工程监督的过程中应加强现场的安全防范,制定文明施工的标准并监督执行;此外,在施工过程中,监理工程师还应对施工作业的一定范围进行不定期的检查及巡视,及时发现施工现场的问题并要求施工单位给予整改,采取预防性的措施减少安全事故的发生,使现场施工人员养成规范操作的程序意识及质量意识。

3.7.3.3　对施工单位质保体系相关人员到位情况进行协调

在建筑工程开工前,由于各项因素的影响,施工单位管理体系相关人员的到位情况并不完全,经常出现一个项目缺少安全员、质检员、技术员,甚至是项目经理的现象,在遇到这种问题时,监理部应积极主动督促承包人履约,同时了解施工单位的具体情况,找出缺乏体系人员就位的真正原因后进行针对性的解决。在项目施工的过程中若遇到较难处理及解决的问题,应在充分了解实际情况后对事件出现的原因进行分析,提出具体处理措施或建议,同时加强同参建各方的沟通协调,促进工程的顺利进行。

水利工程监理工作是一项具有很大难度的高技术服务性工作。它需要接受政府部门严格的监督和管理,处理建设单位提出的种种要求以及对施工单位施工过程中的各种不规范行为进行管理,还要与设计单位不断地进行接触。这就要求监理单位不仅要在施工过程中履行好监理工作,进行控制和管理,而且还要在工作中处理好与政府管理部门、设计单位、建设单位及施工单位的关系,在监理工作中得到其支持和理解,形成合力,确保水利工程监理工作可以顺利开展,从而取得良好的工作成果。施工监理过程中协调各方关系的重要性主要体现在以下几个方面:

(1)履行好监理工作的重要前提是与政府管理部门处理好关系。政府安全生产管理、质量管理部门和行政管理部门等与监理单位的关系是领导与被领导、管理与被管理的关系。这些部门的活动对施工监理工作的开展有着巨大的影响。监理人员和监理单位必须对这一问题有着清晰的认识。如果在监理工作中,可以得到这些部门的支持和理解,在施工的过程中就可以顺利地开展监理工作,并取得良好的工作效果。因此,必须高度重视政府部门的管理监督工作,认真对待。政府管理部门会定期地对工程施工进行大型的检查,水利水电工程从开工一直到竣工期间,会接受大量的检查,监理工作是检查的重点对象。面对这种情况,就需要监理人员在接受检查时高度地认真负责,自觉接受检查。因为水利水电工程十分复杂,监理工作有一定的难度,可能会有些不足之处。这就需要监理单位在接受有关部门检查时,处理好这些问题,避免因为检查不合格而影响施工。因此,正确地处理好与政府有关部门的关系,构筑和谐的施工环境,是履行好监理工作的重要前提。

(2)履行好监理工作的关键是与建设单位处理好关系。水利水电工程的投资主体是建设单位,在工程建设中承担着全部风险,建设单位提出的各种要求都比较正常。监理人员应该多考虑建设单位的实际情况和困难,多做工作,主动帮助建设单位解决水利水电工程施工中的各种问题,对建设单位的工作尽量给予帮助和支持。这是在施工中履行好监理工作的关键。在实际的施工过程中,建设单位很有可能违规建设,甚至在工作中独断专行,给监理单位正常地履行监理工作造成极大的困难。虽然监理单位与建设单位签订了合同,属于平等的双方,但由于建设单位是工程的投资方,对水利水电工程有决定性影响,因此监理单位在工作中要对建设单位给予充分的尊重。实践证明,如果不与建设单位处理好关系,很难履行好监理工作。

(3)履行好监理工作的中心环节是与施工单位处理好关系。建设方授权和委托监理方对工程进行监理工作,与施工单位的关系是监理与被监理,也是互相帮助和支持的平等主体,双方之间的关系地位是平等的。从工程的开工一直到工程竣工,双方的工作始终是紧密联系的。在水利水电工程中,以施工建设为中心,对工程施工共同负责。与施工单位关系的好坏,对工程建设的大局有着直接的影响。监理人员在工作中不仅要依法办事,坚持原则,严格履行合同的约定,按图施工,认真履行好监理工作,还应该对施工单位采用新材料、新技术、新方法和新工艺组织施工给予大力支持,对施工单位在施工过程中遇到的问题和困难给予帮助和支持,齐心协力保证施工的有序进行。

(4)履行好监理工作的重要环节是与设计单位处理好关系。监理单位与设计单位能否在施工的过程中密切协作,直接影响到能否在施工的过程中准确贯彻落实项目的设计意图,关系到能否及时顺利地办理合理的变更。因此,需要监理单位在施工过程中充分尊重设计单位的意见,双方共同对施工单位进行督促,确保施工单位按技术要求和设计图纸施工;否则,就很难保证施工的质量和施工进度。特别地是与设计单位协调好关系,有利于设计单位对水利水电工程施工提出合理化建议,对工程设计进行优化。

3.8　质量评定与工程验收

3.8.1　质量评定

施工质量评定是指将质量检验结果与国家或行业技术标准及合同约定的质量标准进行比较的活动,真实反映工程建设过程,是有效实施质量管理体系及工程达到质量标准的客观证据,从而赋予质量评定工作真实、有效、规范、及时等特性。水利工程综合性强、建设规模大、施工条件复杂以及施工工期较长,工程质量信息来源广泛、处理复杂烦琐,施工质量评定技术难度较大、工作任务繁重。2007 年,水利部颁布了《水利水电工程施工质量检验与评定规程》(SL 176—2007),规范了施工质量检验与评定方法,使施工质量检验与评定工作制度化、标准化、规范化。2016 年,水利部颁发了《水利水电工程单元工程施工质量验收评定表及填表说明》,明确了质量评定表具体填写内容及要求,进一步规范了施工质量评定工作行为。大藤峡水利枢纽质量评定经验做法主要如下。

3.8.1.1　强化单元工程施工管理

大藤峡水利枢纽由无数个单元工程组成,一个合格的工程由无数个合格的单元工程组成,要建好一个工程,也就要建好其所涉单元工程,搞好单元工程施工管理。督促建设单位实行单元工程管理,建立"以施工质量评定为抓手"的管理理念。要求进度计划细到单元、质量控制强化单元、安全管理深入单元。从单元工程施工准备、施工、检查验收上控制,从机械设备、原材料、施工工艺、工序上控制,做好单元工程施工质量评定。综上,搞好一个工程施工质量管理,就要做好其所涉单元工程的施工管理,其本质就是做好单元工程施工质量评定管理。

3.8.1.2 严格质量评定绩效考评

协调建设单位建立单元工程施工质量评定台账和单元工程计量支付台账,对照计划,每周、每月分析进度情况、质量评定工作开展情况和存在的问题。

3.8.1.3 规范施工质量评定行为

对施工难度较大的或主要工序控制等环节,监理单位有针对性地召开现场会,挑选做得好的施工队伍为样板,让其他作业队伍现场观摩、学习交流,找差距、找问题、找原因,从而提升劳务队伍作业能力。为规范质量评定行为,监理单位邀请质量监督机构和行业专家多次对工作人员进行业务培训,指导施工质量评定管理工作,提高业务人员质量评定水平。

3.8.2 工程验收

工程项目竣工后都要进行工程验收,工程验收是在工程质量评定的基础上,依据一个既定的验收标准,采取一定的手段来检验工程产品的特性是否满足验收标准的过程。监理部参与工程验收的职责主要如下:

(1)参加或受发包人委托主持分部工程验收,参加发包人主持的单位工程验收、水电站中间机组启动验收和合同工程完工验收。

(2)参加阶段验收、竣工验收,解答验收委员会提出的问题,审核质量评定表,在验收鉴定书上签字。

(3)按照工程验收有关规定提交工程建设监理工作报告,并准备相应的监理备查资料。

(4)监督承包人按照分部工程验收、单位工程验收、合同工程完工验收、阶段验收等验收鉴定书中提出的遗留问题处理意见完成处理工作。工程验收流程见图3-5。

验收工作分为分部工程验收、单位工程验收、合同工程完工验收、阶段验收和竣工验收。

3.8.2.1 分部工程验收

(1)在承包人提出分部工程验收申请后,监理部组织检查分部工程的完成情况、施工质量评定情况和施工质量缺陷处理情况,并审核承包人提交的分部工程验收资料。监理部指示承包人对申请被验收分部工程存在的问题进行处理,对资料中存在的问题进行补充、完善。

(2)经检查分部工程符合有关验收规程规定的验收条件后,监理部提请发包人或受发包人委托及时组织分部工程验收。

(3)监理部在验收前准备相应的监理备查资料。

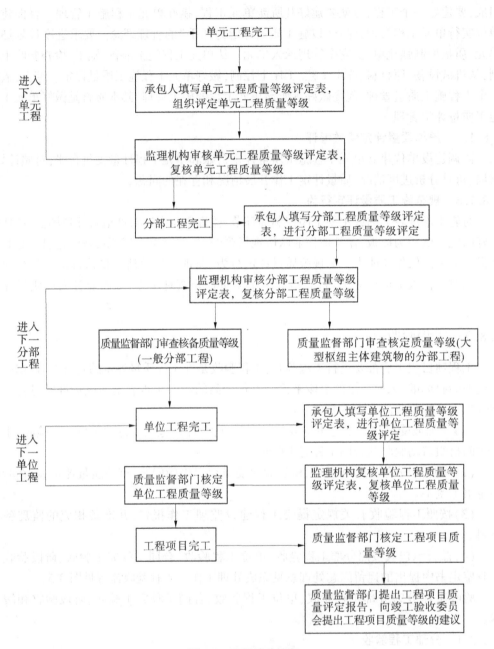

图 3-5　工程验收流程

(4)监理部监督承包人按分部工程验收鉴定书中提出的遗留问题的处理意见完成处理工作。

3.8.2.2　单位工程验收

(1)在承包人提出单位工程验收申请后,监理部组织检查单位工程的完成情况和工程质量评定情况、分部工程验收遗留问题处理情况及相关记录,并审核承包人提交的单位工程验收资料。监理部指示承包人对申请被验分部工程存在的问题进行处理,对资料中存在的问题进行补充、完善。

（2）经检查单位工程符合有关验收规程规定的验收条件后,监理部提请发包人及时组织单位工程验收。

（3）监理部参加委托人主持的单位工程验收,并在验收前提交工程建设监理工作报告,准备相应的监理备查资料。

（4）监理部监督承包人按照单位工程验收鉴定书中提出的遗留问题处理意见,完成处理工作。

（5）单位工程投入使用验收后,工程若由承包人代管,监理部协调合同双方按有关规定和合同约定办理相关手续。

3.8.2.3　合同工程完工验收

（1）承包人提出合同工程完工验收申请后,监理部组织检查合同范围内的工程项目和工作的完成情况、合同范围内包含的分部工程和单位工程的验收情况、观测仪器和设备已测的初始值和施工期观测资料分析评价情况、施工质量缺陷处理情况、合同工程完工结算情况、场地清理情况、档案资料整理情况等。监理部指示承包人对申请被验合同工程存在的问题进行处理,对资料中存在的问题进行补充、完善。

（2）经检查已完合同工程符合施工合同约定和有关验收规程规定的验收条件后,监理部提请委托人及时组织合同工程完工验收。

（3）监理部参加委托人主持的合同工程完工验收,并在验收前提交工程建设监理工作报告,准备相应的监理备查资料。

（4）合同工程完工验收通过后,监理部参加承包人与委托人的工程交接和档案资料移交工作。

（5）监理部监督承包人按照合同工程完工验收鉴定书中提出的遗留问题处理意见,完成处理工作。

（6）监理部审核承包人提交的合同工程完工申请,满足合同约定条件的,提请发包人签发合同工程完工证书。

3.8.2.4　阶段验收

（1）工程建设进展到枢纽工程导（截）流、水库下闸蓄水、水电站首（末）台机组启动或部分工程投入使用之前,监理部核查承包人的阶段验收准备工作,具备验收条件的,提请发包人安排阶段验收工作。

（2）各项阶段验收前,监理部协助委托人检查阶段验收具备的条件,并提交阶段验收工程建设监理工作报告,准备相应的监理备查资料。

（3）监理部参加阶段验收,解答验收委员会提出的问题,并在阶段验收鉴定书上签字。

（4）监理部监督承包人按照阶段验收鉴定书中提出的遗留问题处理意见,完成处理工作。

3.8.2.5　竣工验收

（1）监理部协助委托人组织竣工验收工作,核查历次验收遗留问题的处理情况。

（2）在竣工技术预验收和竣工验收之前,监理部提交竣工验收工程建设监理工作报告,并准备相应的监理备查资料。

(3)监理部派代表参加竣工技术预验收,向验收专家组报告工程建设监理情况,回答验收专家组提出的问题。

(4)总监理工程师参加工程竣工验收,代表监理部解答验收委员会提出的问题,并在竣工验收鉴定书上签字。

3.9　合同管理

合同管理工作计划的制定是根据合同基本信息中的具体条款、分项工作与时间的对应关系来实现的。加强合同管理、完善合同管理程序对于提高合同水平,减少合同纠纷,进而加强和改善建设单位、监理单位和承包单位的经营管理,提高经济效益具有十分重要的意义。合同管理主要包括工程变更管理、索赔管理、违约管理、工程担保管理、工程保险管理、工程分包管理、施工合同解除管理、解决争议管理、清场与撤离管理。

大藤峡水利枢纽工程监理部结合"强监管"形式,切实做好"四控两管一协调"工作,履行好合同各项权利和义务,主要采取以下措施:

(1)熟悉施工和监理合同文件,弄清合同文件中每项的内容,明确合同各方的职责、权力和义务,正确解析和运用合同条款,正确处理好各方的关系。

(2)在合同管理过程中应坚持公平、公正的原则,并按照合同约定的程序和要求进行处理,保证合同管理的合法性、规范性和科学性。

(3)在工程建设过程中,须坚持以书面形式发布监理指示、通知、批复、报告等各项监理文件。即使是因情况紧急或现场条件不具备,监理工程师临时发布口头指令的,事后24 h内监理工程师应补充书面指示。同时,监理文件应意思清晰、明确,无含糊或歧义等情况,避免因语意不明确导致争议。

(4)现场记录是现场施工情况最基本的客观记录,也是处理合同变更、索赔及合同争议的重要原始记录和依据。监理人员要认真、完整地对当日各种情况做详细的现场记录,包括每天的施工人员、原材料、中间产品、工程设备、施工设备、天气、施工环境、施工作业内容、存在问题及其处理情况等,并做好监理记录的收集、整理和归档工作。同时,监理人员还要做好与发包人、承包人相互往来文件的整理和归档工作,有关方一旦发生争执,上述文件资料也是处理合同问题的依据之一。

(5)加强对施工图纸的审核,尽可能减少因图纸问题导致变更的情况。工程项目开工前,总监理工程师要组织相关专业监理工程师对施工图纸进行认真审查。发现施工图纸错漏、前后不一、设计合理性(是否有超标准设计)、优化设计等问题要及时提出,并请设计机构予以书面答复。在工程开工前,及时解决施工图纸的问题,避免对后续施工和合同执行造成不利影响。

(6)合同风险防范的措施。

①工程建设是一个复杂的系统过程,潜伏着各种风险因素。监理人对于潜在的各种风险因素要有预见性。合同项目或单位工程开工前,监理工程师要主动了解施工现场的环境条件和工程施工特点,并结合以往工程经验进行风险分析和评估,辨识主要合同风险

和可能导致的后果或影响,将风险分析和评估情况,报告发包人,提前采取措施,提高风险管理的预见性。

②施工过程中,随时掌握施工现场的人员、设备、材料、交通、施工工艺、气象、水文、地质及其他可能的工程风险因素,及早采取预防措施,尽量避免由于风险造成的损失。

③当风险发生后,及时果断采取措施,调动现场包括承包人在内的一切人员和设备力量,尽量减少风险造成的损失。

④对由于风险原因给承包人造成的劳动量增加、费用增加和工期影响及发包人损失,应严格按照合同规定,确定发包人和承包人各自应承担的损失。

(7)合同变更管理措施。

①首先,监理工程师应对拟变更内容是否属于合同规定的变更范围和内容进行审查,不属于合同约定范围的变更一律不予批准。其次,监理工程师应对设计变更方案进行深入、充分的调查研究,对方案的必要性和合理性进行论证。对于那些可改可不改的设计变更,应明确不主张变更。对于必要的设计变更,监理工程师还应进行必要的经济技术比较,选择技术可靠、经济合理的变更方法。对于重大设计变更,还应按发包人的有关规定报上级主管部门审查。

②变更要求或建议均需经监理人审批,并得到发包人批准后,再由监理人按合同规定下发书面的变更指示后方可执行。未收到监理人的书面变更指示,严禁承包人擅自变更。同时,监理工程师在变更管理过程中,必须得到发包人同意后方可发出变更指令或批复,严禁越权变更。

③变更方案实施过程中,监理工程师要监督承包人按已批准的方案进行施工,并如实进行记录,按规定进行工程计量。杜绝承包人在变更实施过程中擅自改变已批准的方案或偷工减料,降低工程质量标准等。

3.10 信息管理

在大藤峡水利枢纽工程的施工监理过程中,涉及了众多信息,包括投资控制信息、质量控制信息、进度控制信息和合同管理信息等。这些信息以摄像、照相、图件、表报、文字记录和文件等合同规定的方式进行传递。监理工程师的责任是督促承包人加强对工程信息的采集、整理、存储、传递和更新等管理工作。监理机构应根据监理合同和业主的管理约定,将重要的工程信息形成书面文件,并及时向业主单位移交,以跟踪工程的进展。监理部信息管理的工作内容主要包括:

(1)按国家或部门颁布的关于工程档案管理的规定、发包人要求和监理合同文件规定,做好合同文本文件、发包人指示文件、施工文件、设计文件和监理文件等必须归档资料的分类建档和管理。

(2)建立监理档案资料管理制度(包括归档范围、要求,以及档案资料的收集、整编、查阅、复制、利用、移交、保密等各项内容),定期对监理档案资料管理工作进行检查,并督促承包人按合同规定做好工程档案资料的管理工作。

(3)做好施工现场的监理记录与信息反馈。按发包人要求和工程合同文件规定,对应由监理部归档的工程档案逐项清点、鉴定、整编、登记造册,并向发包人移交。

监理采用并督促承包人也采用摄像、照相、图件、表报、文字记录和文件等合同规定的载体与传递方式,加强对工程信息的采集、整理、存储、传递和更新等项管理。重要的工程信息必须形成书面文件。监理依据工程信息文件的来源及合同地位,按发包人指示、设计文件、施工文件和监理文件分类管理。信息的编报、审核、批准、加盖公章及信息传递手续和时间均按照监理合同文件的规定。其中,监理部信息管理的主要做法如下:

①在工程项目开工前,完成合同工程项目编码的划分和编码系统编制。

②根据工程建设监理合同文件规定,建立信息文件目录,完善工程信息、文件的传递流程及各项信息管理制度。

③补充和完善工程管理报表的格式。

④建立监理信息文件的编码方式。

⑤建立或完善信息存储、检索、统计分析等计算机管理系统。

⑥采集、整理工程施工中关于施工进度、工程质量、合同支付目标控制,以及合同商务和工程进展过程信息,并向有关方反馈。

⑦督促承包人按工程承建合同文件规定和监理要求,及时编制并向监理部报送工程报表和工程信息文件。

⑧督促监理工程师和监理人员及时、全面、准确地做好监理记录,并定期进行整编与反馈。

⑨工程信息文件和工程报表的编发。

⑩工程信息管理工作的检查、指导、监督、协调、调整与完善。

3.11　档案管理

3.11.1　档案管理要求及措施

工程档案作为工程项目的重要组成部分,是工程建设管理全过程的成果积累和工程质量的侧面写照。做好工程档案管理工作,对于工程竣工后设备设施维护、更新改造,以及将来新建工程项目设计参考等工作都具有重要价值。档案管理流程见图3-6。

(1)监理档案应按单位工程和施工的时间先后顺序整理,分类立卷装订,每页要有编号,每卷要有目录。

(2)卷内文件应按专业和形成资料的时间排序并编写卷内目录。

(3)封面、移交目标、审核备案表的格式、档案的规格、图纸的折叠与装订,应执行当地档案馆的统一规定。

(4)监理档案应真实可靠,字迹要清楚,签字要齐全,不得弄虚作假、擅自涂改原始记录。

(5)项目档案管理期限分为永久、30年、10年。

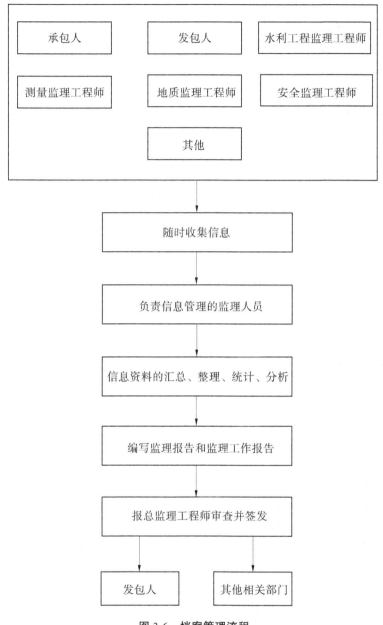

图 3-6　档案管理流程

3.11.2　资料归档验收和移交

在工程完工后,资料归档验收和移交是非常重要的环节。资料的归档确保了工程建设过程中产生的各类文件、记录和信息能够被妥善保存和管理。这些资料包括设计文件、施工图纸、技术规范、质量检测报告、验收报告等。资料归档验收的过程需要进行详细的检查和确认,以确保资料的完整性和准确性。验收人员会逐一核对资料清单,并检查文件的完整性、格式的规范性及内容的准确性。如果发现问题或遗漏,需要及时进行补充和修正。完成资料归档验收后,需要将资料移交给相关单位或管理部门。移交过程中,应编制详细的资料移交清单,并确保资料的完整移交,以便后续的使用和管理。移交后,相关单位或管理部门将负责妥善保存和管理这些资料。

大藤峡水利枢纽施工阶段监理资料按五部分归档:合同管理资料、进度控制资料、工程质量控制资料、投资控制资料、监理工作管理资料。

3.11.2.1 合同管理资料

监理委托合同、分包单位资格报审资料、施工组织设计报审表、索赔文件资料(申请书、批复意见)、工程变更单、工程竣工验收资料、工程质量保修书或移交证书等。

3.11.2.2 进度控制资料

施工进度计划报审单及审核批复意见、工程开工/复工报审表及批复意见、有关工程进度方面的专题报告及建议等。

3.11.2.3 工程质量控制资料

施工方案报审表及监理工程师审批意见、工程质量安全事故调查处理文件(事故调查报告、事故处理意见书、事故评估报告等)、原材料、构配件、设备报验申请表(含批复意见)、单元工程报验单(含批复意见)、工程定位放线报验单及监理工程师复核意见、分部工程验收记录(工程验收记录)、旁站记录、施工试验报审单及监理方的见证意见、工程质量评估报告等。

3.11.2.4 投资控制资料

工程计量单及审核意见、工程款支付证书、竣工结算审核意见书等。

3.11.2.5 监理工作管理资料

监理工作管理资料包括:监理规划,监理实施细则,监理日记,监理月报,监理指令文件,总监理工程师巡视检查记录,与发包人、被监理人、设计单位的往来函件,会议纪要,监理总结报告,主要的监理台账等。

资料验收和移交的主要依据如下:

(1)各参建单位应将本单位形成的工程文件资料立卷后移交发包人。监理人协助发包人对各参建单位的档案资料进行检查、审核。

(2)总监理工程师负责监理资料的归档整理工作,并负责审核、签字验收。

(3)在工程竣工验收前,工程建设档案管理机构应对工程档案进行预验收,验收合格后,出具工程档案认可文件。

(4)在委托监理的合同工程项目完成或监理服务期满后,监理部向发包人移交监理工程资料。应移交的档案包括但不限于:

①所有的设计文件。

②发包人提供的作为监理工作依据的文件。

③监理人与承包人之间的所有文函。

④监理人与发包人之间的所有文件。

⑤建设监理日志。

⑥所有的检查验收记录。

4 复杂地层岩溶处理

4.1 地质条件概况

大藤峡水利枢纽工程位于珠江流域西江水系黔江干流大藤峡出口弩滩上,坝址在广西壮族自治区桂平市黔江彩虹桥上游 6.6 km 处,其岩溶地区主要为埋藏型岩溶,强烈发育。

4.1.1 地形地貌

船闸主体部位原地形整体较平坦,地面高程一般为 42~45 m。上闸首部位发育一条冲沟,切割深度约 5 m,冲沟两侧边坡 25°~30°,沟顶宽约 20 m,常年有流水。基坑两侧土质边坡坡比为 1:2,岩质边坡坡比为 1:05~1:1。

4.1.2 地层岩性

船闸主体部位上部为第四系覆盖层,自上而下分为三层,厚度 20~30 m,溶沟溶槽处可达 40 m。第一层为上部冲洪积的次生红黏土,厚度一般为 10~15 m;第二层为卵石混合土,分布不连续,厚度一般为 5~12 m;第三层为下部的溶塌溶余混合土碎(块)石,厚度不均,溶沟溶槽较深。基岩为郁江阶下段和中段的第 D_1y^{1-3} 层、第 D_1y^2 层灰岩、白云岩,岩层走向 NE,倾向 SE,倾角 20°~22°,以互层状为主,少量厚层状和薄层状。

4.1.3 水文地质条件

船闸主体部位地下水类型主要有孔隙潜水和岩溶水两种,埋深一般为 12~15 m。孔隙潜水赋存于第四系覆盖层中,岩溶水分布于岩溶管道和岩溶裂隙中。

据观测资料,黔江左岸地下水位高于同期黔江水位 5~8 m,地下水通过近江岸带的沟壑露头、汇集、排泄于江中。其类型有孔隙潜水、裂(孔)隙水和构造带-管道岩溶水。

(1)孔隙潜水。以上层滞水方式赋存于第四系松散层中,埋深 6~8 m,分布高层 35~38 m,开挖断面上部与下部裂隙岩溶水水力关系不明显,K 值均为 $2×10^{-4}$ cm/s,靠大气降雨补给。

(2)裂(孔)隙水。揭露高程-1~2 m,流量均大于 18 m³/h,具承压性,涌水量与季节变化和降雨量有关,补给方式主要以塌陷洼地、盲沟、溶蚀漏斗及落水洞等形式转运地表水于裂隙、溶洞中。

(3)构造带-管道岩溶水。较集中出露于0+250桩号以后闸室泄水箱涵段,补给源除裂(孔)隙水类型外,主要来源于断裂带、暗河或岩溶管道,具承压性。分布高程低于-9 m,最低揭露高程-22 m,涌水量与季节变化、降雨关联性不明显,单个涌水点(洞)$Q=500~1\,200$ m³/h,水柱高度 15~30 m;水质为碳酸钙+碳酸镁型,以冷水为主,3#、4#为温水。

4.1.4 岩溶

4.1.4.1 岩溶类型

岩溶主要发育在郁江阶的灰岩、白云岩中,属溶原宽谷型,为埋藏型岩溶。覆盖层下面埋藏第三系前古岩溶,岩溶发育,多表现为溶沟、溶槽、溶洞等岩溶形态,基岩面起伏较大。

4.1.4.2 岩溶涌水

船闸主体段右岸濒临黔江,且因开挖取土,船闸右侧开口外形成大面积积水坑,坑内长期大量积水,积水下渗顺岩溶通道或其他裂隙涌入基坑;左岸毗邻积水区域,积水无有效引排通道,加之地下水位较大,地表水及地下水顺岩溶通道或其他裂隙进入基坑,形成大量涌水。同时,基坑底部坑槽众多,且相互不连通,基坑设计基面高程低于其上下游引航道基面高程,形成"内低外高"的盆状结构,基坑排水施工困难。

岩溶主要发育在郁江阶上段(D_1y^{1-3} 层)的灰岩中。岩溶现象以溶洞为主,洞径多为 $1\sim2$ m,洞内多为半充填或无充填,充填物以黏土和卵砾石为主。岩溶岩层面溶蚀强烈,岩石多被溶蚀呈蜂窝状,连通性较好,易与外界形成连通,产生大量涌水。岩溶随深度的增加发育程度越来越弱。大藤峡水利枢纽工程断层、裂隙发育、溶隙和溶洞如图 4-1 所示。

(a)

(b)

图 4-1　大藤峡水利枢纽工程断层、裂隙发育、溶隙和溶洞

4.2　监理工作重点

大藤峡水利枢纽工程船闸基础主要为郁江阶灰岩和白云岩,岩溶发育,分布有较多的岩溶孔洞,有溶岩管道与江水连通的可能,基坑开挖可能产生大量的涌水,基坑防渗和施工排水及基础处理难度较大。因此,船闸基础处理和基坑排水是监理工作的重点之一。

4.2.1　灌浆工程

在所有工程中,灌浆工程是隐蔽工程,现场监管难度较大,需加强对承包人质量体系的监督。新珠监理公司基于岩溶灌浆特点,与基础灌浆不同的是会采取低压、限流、间歇灌浆等措施,这样能在保证灌浆效果的同时,减少浆液浪费,控制投资成本,其监理工作要点具体如下:

(1)承包单位必须按设计要求依次序施放孔位,标注各孔序号与孔号。在钻孔 8 h前,由承包单位技术员签发"钻孔生产任务通知单",并及时通知监理工程师。钻孔作业过程中,承包单位应对孔斜、孔深进行检查,填写钻孔班报。各孔终孔前 4 h,通知监理工程师参加终孔检查。钻孔结束后,将钻孔冲洗干净,并做好孔口保护直至灌浆完成。

(2)承包单位必须将取出的岩芯统一编号、妥善保存,软弱与破碎带岩芯用石蜡封存。在取芯钻孔完成后,承包单位向监理部提供钻孔柱状图。承包单位必须对基础岩基灌浆安设抬动监测装置,并派专人观测记录基础岩基灌浆。条件许可的情况下,灌浆前承包单位必须进行钻孔冲洗及压水试验。压水试验应由监理工程师在场时进行,钻孔冲洗与压水试验结束后,及时向监理部报送作业记录结果。

(3)在灌浆前 8 h,由承包单位技术员签发灌浆任务书,并及时通知监理工程师。灌浆段长和压力必须符合设计要求与规范规定,孔口压力表必须由专人看管并认真填写"灌浆孔口压力记录表"。若检查发现记录压力与实际压力不符合,施工作业人员应及时检查和分析原因,进行调整,并在记录表上注明。对于违章操作或经发现弄虚作假者,监理工程师将做违规处理,情节特别严重的孔段必须重扫重灌。

(4)各孔段的灌浆必须连续进行。开灌前必须根据压水试验结果备足灌浆材料。若因故中断必须按规定要求进行处理,并应如实记录中断灌浆的时间、原因、处理措施、处理效果及对灌浆质量的影响程度等情况。

(5)各孔段灌浆结束前,应报请监理工程师检查确认,每段灌浆结束后,要及时整理灌浆记录结果。灌浆结束后,必须采用"机械压浆封孔法"封孔或设计规定方法封孔,并有闭浆措施。封孔作业中,应认真记录封孔情况。凡封孔不密实或发现有涌水处,监理工程师有权指令返工扫孔,重灌重封。

(6)承包单位必须每月对灌浆材料的质量进行检验,包括水泥标号、细度和灌浆中所采用的砂及外加剂,并应及时将检验情况提交监理部审核。

(7)在钻孔与灌浆作业过程中,承包单位必须认真做好原始记录,监理工程师可对原始记录随时进行检查。

(8)承包单位必须按经批准的灌浆工程施工组织设计进行灌浆工程的施工。若有违反现象,监理工程师将发出违规警告通知。

（9）灌浆施工中，监理单位应做好抽水情况的现场记录，为后期变更或索赔提供依据；并且应熟悉相关合同条款，采取预控措施，避免恶意索赔等情况。承包单位同时可根据施工的实际情况，按合同要求或规范规定的数量布置检查孔（其位置由设计或监理工程师发出通知指定），对已灌浆区域分块进行质量检查。

（10）灌浆工程施工期间，承包单位应及时向监理部报送相关的钻孔与灌浆工程施工资料。

4.2.2　施工期排水

黔江流域的暴雨发生时间集中在 4~9 月，4~6 月以锋面、低压槽暴雨为主，7~9 月以台风雨居多，在 5~8 月季风活跃期间暴雨次数最多，约占全年总数的 90%，大暴雨多出现在 6~7 月。流域内一次暴雨历时一般为 7 d，而主要雨量又集中在 3 d 内，3 d 雨量占 7 d 雨量的 80%~85%，暴雨中心可达 90% 左右。根据桂平市气象站 2012 年 5 月 12 日监测结果，坝址区南木镇日最大降雨量达 328.2 mm。坝址区暴雨具有历时长、雨量大的特点，为此，工程施工排水和基坑经常性排水必须高度重视。在施工期间，将有碍于施工工作和工程质量的地面水、地下水、施工废水，采用渠、沟、井等设施排至施工场地以外。

4.2.2.1　船闸及副坝排水工程

1. 船闸主体部位基坑排水

船闸主体部位基坑排水包含基础渗水（含岩溶涌水）、降雨、边坡来水及施工废水等。其中，基础渗水（含岩溶涌水）及降雨为主要来源。根据现场开挖揭露的情况，船闸主体段左右岸均有涌水点分布，其中左岸涌水点居多，涌水较大，且由"大包"帷幕灌浆浆液进入基坑、左右岸开口外岩溶塌陷积水进入基坑等情况初步判定，左右岸涌水点与开口外积水区域连通性较好。

船闸主体段开挖深度大，地下水位高，地下水较丰富，左右岸外来涌水大，基坑排水主要考虑经常性排水。

根据现场实际情况，船闸主体部位分别于右岸航下 0+185 及航下 0+210 各布置一终点泵站，其中右岸航下 0+185 处终点泵站内布置有 5 台抽水泵，右岸航下 0+210 处终点泵站内布置有 2 台抽水泵。但因厂坝标开挖需要，需对泵站进行改建。

在船闸右岸泄水箱涵进口处设置 1# 排水泵站，站内布置 7 台 250SXD65 型水泵（扬程 65 m，功率 132 kW，额定排水量 485 m³/h）和 1 台 IS125-100-280 型水泵（扬程 75 m，功率 75 kW，额定排水量 280 m³/h），最大排水能力 3 680 m³/h，往下航道右侧排水渠抽排。1# 排水泵站集水井结合右岸泄水箱涵布置，集水井底部高程-5 m，底面尺寸 9.0 m×30 m。考虑泄水箱涵目前不具备开挖条件，且为保证现成型边坡稳定，泵站集水井右侧开口（高程 15.35 m）距离现有边坡脚不小于 1.0 m，左侧侵占泄水箱涵部分边坡，集水井两侧边坡不陡于 1:0.3，并根据开挖揭露地质条件，对其采取锚喷支护等方式进行加固。对于侵占泄水箱涵部分，后期根据结构需要进行处理。船闸主体基坑右岸边坡扩挖完成和闸室第 2 块右侧检修集水井开挖完成后在检修集水井处设置 2# 排水泵站，站内布置 2 台 250SXD65 型水泵，最大排水能力 970 m³/h，往上游引航道 0+500 冲沟排水。另配备 20 台 3B33 型水泵（扬程 32.6 m，功率 7.5 kW，额定排水量 45 m³/h），由工作面集水坑往 1#、2# 终点泵站内排水。1# 抽水泵站集水井形成后，逐一对现有排水泵站进行改迁。

基坑抽水安全管理监理要点如下:

(1)全天候24 h派专人进行抽排水系统运行及维护,同时做好日常检查,发现异常及时处理。

(2)坚持"安全第一、预防为主"的施工安全管理方针,强化员工的安全教育,对所有从事管理和生产的人员进行施工前全面的安全教育及相应工种安全技术操作规程培训等,重点对专职安全员,班组长,从事特殊作业的电工、焊接工等进行培训教育,且要求持证上岗。

(3)施工用电线路必须架空,水泵严格按照"单机单闸"布置,设置漏电保护装置。

(4)所有施工及运行人员进入现场必须戴安全帽,按劳保着装,严格遵守相关施工安全规范规则。

(5)抽水泵站附近进行爆破作业时,严格控制单响药量,必要时采用竹跳板等对抽水泵及管道进行防护。

(6)加强供电系统维护,遇雨天等不良天气应做好巡视检查,做好异常情况的应对准备。

2. 船闸航上0+026~航下1+100排水

根据2016年当时实际情况,大藤峡水利枢纽工程船闸及副坝工程左右岸永久排水系统未形成,导致船闸基坑及上下游引航道施工排水不能利用永久排水系统排放;由于中国水利水电第八工程局有限公司(简称水电八局)围堰由小包方案变更为大包方案,直接导致监理部船闸基坑排水系统出口需要向船闸下游延伸,排水难度增大,还须保证船闸施工排水不流至水电八局基坑。在船闸右岸沿船闸开口线不小于15 m范围铺设一排水主管道至航下0+800和在原施工道路设置排水明沟以解决船闸航上0+026~航下1+100段施工排水问题。船闸闸室段基坑排水强度考虑到基坑涌水和汛期暴雨强度,根据前期施工经验和基坑面积测算,船闸闸室基坑经常性排水强度最大约为500 m³/h,船闸下游引航道0+400~1+100基坑排水强度考虑到汛期暴雨强度,根据前期施工经验和基坑面积测算,船闸闸室基坑经常性排水强度最大约为700 m³/h。因此,排水管道设计排水流量按照1 200 m³/h。

船闸主体段上下游开挖深度大,地下水位高,地下水较丰富,基坑排水主要考虑经常性排水,经常性排水在上闸首0+065、下闸首0+290附近各设1个长12 m、宽8 m的集水井。集水井内分别设置1#、2#排水泵站,站内各布置2台IS125-100-200型水泵,最大排水能力800 m³/h;3#排水泵站布置在航下0+900处,站内布置2台IS125-100-200型水泵,最大排水能力400 m³/h。排水泵站出水管路均连接至DN600主供水管路。另配备10台3B33型污水泵,由集水坑往集水井内排水。

(1)钢管安装前,对进入现场的钢管必须检查验收。检查钢管是否有合格证,无合格证者不得进入施工现场。管道安装前,管节应逐根测量、编号,宜选用管径相差最小的管节组对焊接。管节组成管段下管时,管段的长度、吊距,应根据管径、壁厚及下管方法确定。

(2)钢管部分一般先在路边进行组焊,钢管吊装用25 t吊车。钢管安装采用现场手工电弧焊接,单面焊形式,坡口形式为"V"形,管节焊接前先修口,端面的坡口角度、钝边、间隙等要满足规范要求,不得在对口间隙夹焊帮条或用加热法缩小间隙施焊。纵向焊缝放在管道中心垂线上半圆的45°左右处。对口时外壁齐平,错口偏差不大于2 mm,焊缝的宽度及加强高满足施工要求。管道任何位置不得有十字形焊缝。

（3）经检验，焊缝内部或表面发现有裂纹时，先召集相关技术人员和焊工进行分析，找出原因，在制定相应措施后，方可补焊。经检测为焊缝内部裂纹时，先用碳弧刨将缺陷清除并用砂轮修磨成便于焊接的凹槽。焊补采用手工电弧焊进行，焊接工艺与弯头等管件的焊接工艺相同。

（4）排水明沟采用 1.6 m³ 液压挖掘机进行开挖，具体施工路线根据现有施工道路和施工现场征地情况确定。

3. 南木江副坝排水

在土方开挖施工前，为了避免雨水等在坡面长期汇集，对边坡造成不利影响，根据现场实际地形开挖坡面形成一定排水坡度，进行坡顶截水沟施工，在排尽施工区域内积水后开始开挖作业。

支护工程进行混凝土喷射作业时，在受喷面滴水部位埋设导管排水，导水效果不好的含水层可设盲沟排水，进行施工期排水。

南木江生态鱼道挖槽自下游向上游进行施工。分段挖槽时，在下游端挖设集水井，备足水泵及时将积水抽排至鱼道填筑面左右侧排水沟内，避免已挖槽部位长时间积水。

4. 黔江副坝排水

黔江副坝在地质方面面临多个不良地质情况的挑战，主要包括多处水塘和冲沟。此外，坝基范围内长期受积水浸泡，底部还存在大面积的淤泥和黑色淤泥质土。为了解决这些问题，采取了一系列的工程措施来处理淤泥和改善地质状况。首先，针对淤泥的处理，采用了反铲分区、分块挖设排水沟的方法。通过将淤泥分成较小的区块，并挖设排水沟，可以有效地排除淤泥中的积水，使其晾干。这种分区挖掘和排水的方式可以加快淤泥的处理过程，为土石方工程的顺利进行提供了基础。其次，对于一些难以排水晾干的淤泥，采用了抛石挤淤的处理方式。通过将石料投放到淤泥上，并借助外力的作用，可以压实淤泥并改善其排水性能。这种挤淤的处理方式可以提高淤泥的稳定性和可排水性，为后续的淤泥挖除创造条件。最后，将经过处理的淤泥和挤淤石渣一并挖除，以便土石方工程的顺利进行。通过将淤泥和挤淤石渣一同挖除，可以保证工程施工的连贯性和顺利进行。这也有助于减少对工程进度的影响，并降低地质环境对工程建设的不利影响。综合来看，黔江副坝在面对不良地质情况时采取了多种措施来处理淤泥和改善地质状况。这些措施包括反铲分区、分块挖设排水沟、抛石挤淤处理及挖除已处理淤泥等。这些工程措施的实施有助于确保土石方工程的顺利进行，提高工程的安全性和稳定性。同时，这些措施也为类似地质情况下的工程建设提供了经验和借鉴。

5. 其他排水孔

船闸及副坝工程的排水孔分别为上游引航道边坡排水孔及廊道排水孔。上游引航道边坡排水孔 15 512 m，船闸上闸首及事故门库基础排水孔 821.71 m。

上游引航道岩质边坡面板设排水孔：孔径 50 mm，孔深 3 m，间排距 3 m，梅花形布置，排水孔采用无纺布包裹碎石封堵。右岸航上 1+200～1+364 段高程 62 m 处设 1 排深排水孔，孔径 100 mm，孔深 30 m，间距 3 m。排水孔轴线向上倾斜 3°。

船闸上闸首及事故门库基础排水孔：排水孔布置在主帷幕轴线下游 0.9 m，中心线桩号为航下 0+016.6，孔径为 110 mm，孔距 3 m。排水孔轴线向下游倾斜 5°。孔深按设计要求的排水孔底边线高程-14.5～-4 m 进行控制。

（1）排水孔质量控制标准如下：

①合格标准。孔深误差不大于孔深的1/40或符合施工图纸规定，开孔位置误差不大于10 cm，孔的倾斜度不大于1%，方位角误差不超过设计孔斜3%。绝对禁止穿过防渗帷幕。

②不合格的钻孔及孔口布置，监理工程师将按照相关要求指示重新施工。

（2）排水孔钻孔注意事项如下：

①钻孔编号、孔位、孔径、孔深按设计图纸、文件或监理指示执行。

②排水钻孔过程中，如遇有断层破碎带或软弱岩体等特殊情况，做好记录，及时通知监理工程师进行处理，若排水孔遭堵塞，按监理工程师指示重钻。

③排水孔的保护和孔口装置按设计图纸及相关技术文件执行。

④钻孔结束后，必须将孔内杂物捞净，并用高压清水冲洗，将岩粉及其他杂屑冲洗干净，防止堵塞裂隙，影响排水效果。冲洗30 min后，回水变清方可结束。

⑤钻孔结束后，监理工程师进行检查验收，检查合格后，方可进行下一步操作。

⑥布置有安全监测仪器及电缆，排水孔钻孔时应避开此类设备。

（3）施工质量控制措施如下：

①组织设计技术交底，通过设计交底，促使参建各方充分了解和掌握设计意图、工程特点和难点，以及相关设计技术要求。

②执行施工文件报审制度。组织完成施工方案及质量保证措施核签，确保施工方案及措施的切实可行。

③督促施工单位建立完善的三级质检体系。三级质检人员必须培训合格后，方可上岗作业。

④对进场设备执行报审制度。

⑤执行"准钻证"制度。检查钻孔设备、质检人员及主要施工管理人员到位情况；检查钻机就位情况，包括开孔位置、开孔角度检验情况，检验合格后，方可开钻。

⑥严格执行"三检"制，对孔位测量放样并由测量监理复核。

⑦施工过程实行跟踪检查，发现问题及时督促施工单位进行整改。

4.2.2.2　右岸排水工程

右岸排水工程主要施工内容包括土石方工程、混凝土工程、边坡防护工程及苗木种植工程等。土方开挖量约为9.95万 m³，土石方填筑量约为8.32万 m³，混凝土工程量约为7.12万 m³。

右岸排水工程共计4条主排水沟，分别为1#~4#排水沟，总长约3 km。其中，1#排水沟起点为右岸上坝公路HD1涵洞，终点为黔江主河槽，全长约427 m；2#排水沟边坡与施工区防护边坡结合，起点为右岸上坝路公路桥，终点为黔江主河槽，全长约770 m；3#排水沟起点为右岸上坝路HD5涵洞，中途与HD4涵洞汇流，通过急流槽接入2#排水沟，全长约510 m；4-1#排水沟与右岸上坝路公路排水边沟结合，与4-2#排水沟汇流入4#排水沟，4#排水沟终点排入公路桥上游原河道，全长约1 200 m。其具体涉及右岸前期准备的排水与防护工程、右岸挡水坝段的排水工程、枢纽建筑物帷幕灌浆所需排水、黔江主坝上游右岸滑坡治理设排水沟辅助、右岸厂房上部边坡开挖与支护的排水及下游引航道口门区黔江右岸扩挖工程排水沟。

4.2.3 边坡支护工程

4.2.3.1 锚杆、排水孔、锚喷支护

(1)检查边坡是否按要求处理和验收,确保清洁、无松动块石,陡坡、反坡处理和表面平整度符合设计要求。

(2)督促承包人按设计要求进行施工放样标识,并确保完成。监督承包人在钻孔结束后对孔深、孔径、孔斜、孔向进行检测,并填写钻孔班报表。

(3)检查锚杆孔是否清洁,孔内无岩粉和积水,经监理工程师验收合格后方可注浆、安装锚杆。检查锚杆注浆是否饱满。对于随机锚杆和系统锚杆的安装,监理工程师进行全过程监控,对重要部位进行旁站监理。

(4)检查锚杆注浆过程中的浆液浓度和压力是否符合设计要求。督促承包人对锚杆进行短期防护。监督承包人进行锚杆拉拔力试验,并处理不合格的锚杆。检查排水孔和排水滤管的安装和验收。检查钢丝网或镀锌铁丝网的材质、尺寸和安装情况。

(5)喷混凝土施工前,检查承包人是否对地质缺陷、光滑岩面、坡面、挂网、锚杆、排水孔等进行了处理和检查,并经监理工程师验收、签证并签发喷混凝土开仓证后方可进行施工。检查喷混凝土出机口风压,确保风压在 0.1 MPa 左右。监督喷混凝土按照分段自下而上、分层施工的要求进行施工。检查喷射混凝土是否均匀密实,对于岩面渗水严重的部位,要求承包人采取必要的处理措施,施工中和施工后 7 d 内,严禁在喷混凝土周围近距离内进行放炮,以防止喷层破坏。在冬季施工中,如果气温低于 5 ℃,要停止施工,并督促承包人做好保温工作。督促承包人在喷射混凝土结束后,按照设计和规范要求进行全面检查,并做好相应的检查记录。检查承包人在喷射混凝土完成后是否进行洒水养护,冬季低温时是否采取保温防冻措施。

4.2.3.2 护坡混凝土施工

(1)检查承包人的分部施工开工申请是否已经上报并经批准。检查承包人各分部混凝土工程首仓开仓 5 d 以前,是否对浇筑仓面边线及模板安装实地放线结果进行复核,并将放样结果报监理机构审核。必要时,监理工程师对承包人放样结果进行检查。

(2)混凝土开仓浇筑前,承包人应对各工序质量进行自检,并在"三检"合格的基础上填报"工程施工质量终检合格(开工、仓)证"。承包人自检合格后,在开仓前 3~12 h 通知监理工程师对上述内容进行检查确认,监理工程师在认证合格后办理单元工程开仓签证。

(3)检查所使用混凝土配合比、强度是否符合设计要求,是否是经批准的试验混凝土配合比。

(4)检查承包人是否按合同、施工技术规程规范和质量等级评定标准规定的数量和方法对拌和混凝土和各种原材料进行取样检测。每月承包人或其实验室应一式 4 份向监理机构提交书面试验报告。监理工程师对试验结果进行监控,保证施工符合质量要求。

(5)特殊部位混凝土浇筑过程,要求承包人应有技术人员、质检人员及调度人员在施工现场进行技术指导、质量检查和作业调度。

(6)施工期间,要求承包人必须按月向监理机构报送详细的施工记录或原始施工记

录复制件。

4.2.3.3 雷诺护垫

（1）雷诺护垫施工前承包人必须完成边坡开挖、回填的相关检查检验资料及相关验收工作，报送雷诺护垫施工程序，经监理部批准后方可进行施工。

（2）雷诺护垫施工质量控制措施如下：

①护垫构件施工。

a.检查护垫构件尺寸、网孔直径、网线线径，严禁使用不合格产品。

b.将护垫构件进行组装，用扎线连接，内设八字线进行构件定型，将成型构件放入固定位置，与相邻构件用扎线连接，相邻构件连接完成后，用木（铁）杆（长3 m以上）顺箱体边缘临时固定，以保证构件装料后线条流畅。

c.投入石料时，应分层轻放，并用钢钎插入填料体多次摇动夯实，并调整护垫线型。

d.填料与护垫框架相平或高出2~3 cm，完成后，将盖板合上并用扎线绑扎。

②扎线施工。

扎线是用来连接构件与构件、构件与隔板的线型材料，在绑扎时，按照间隔10~15 cm单圈-双圈连续交替绞合，以保证连接紧密。

4.3 岩溶处理方法及措施

4.3.1 岩溶注浆

由于船闸基础岩溶现象较为明显，因此在施工前需要进行岩溶注浆处理，以确保工程的安全和稳定。

对于溶洞灌浆，应先查明溶洞的充填类型和规模，而后采取相应的措施处理。溶洞内无充填物时，可采用泵入高流态混凝土或水泥砂浆、投入级配骨料再灌注水泥浆液、混合浆液等措施，待凝固后，扫孔，再灌水泥浆。溶洞内有充填物时，可采用高压灌浆、高压喷射灌浆等措施。

大藤峡水利枢纽工程船闸基础分布有较多的岩溶孔洞，岩溶洞径多为1~2 m，基坑开挖可能产生大量涌水，故岩溶注浆处理按照"先探后灌、探灌结合"的原则进行。通过分析先导勘探孔资料，确定岩溶发育情况及相关的注浆深度与范围，根据不同地质条件采用不同的注浆方法和注浆材料。根据溶洞注浆情况，可灌注水泥砂浆或水泥-水玻璃浆液。

新珠监理公司根据大藤峡水利枢纽工程实际情况制定的岩溶注浆原则，不仅可以提高工程安全性、节约成本、减少环境风险，还能增加工程的适应性和提高注浆效果。通过先进行勘探，可以更全面地了解岩溶地质情况，减少注浆工程中的不确定性；避免在不了解地质情况的情况下盲目注浆，可以减少浪费，降低工程成本；减少可能因错误注浆导致的环境污染和损害；在注浆前后进行探测，根据勘探结果调整注浆方案，提高了工程的适应性；结合探测信息，可以更准确地确定注浆位置和注浆材料，提高了注浆效果。总体来说，按照该原则进行岩溶注浆可能会增加施工时间，但对于提高工程的安全性和注浆效果起到了重要作用，为整个大藤峡水利枢纽工程的安全施工打下了牢固的基础。

4.3.2　岩溶涌水处理

4.3.2.1　下闸点涌水点处理

基坑施工过程中,开挖揭露较大涌水点 10 余处,其中下闸首部位较为集中,涌水点大多位于边坡坡脚。下闸首集中涌水点涌水量大,制约基础混凝土浇筑施工进度。为尽快对下闸首及闸室 13# 坝段基岩进行覆盖,监理单位提出对上述坝段进行分段浇筑,即根据集中涌水点发育位置,设置施工缝将所在坝段分段,采用围挡方式优先将无明显涌水段浇筑至一定高程,再逐一对涌水段进行处理。涌水段混凝土浇筑前,超挖形成集水井,集水井内设置潜水泵,埋管对涌水进行引排,待混凝土浇筑至一定高程后进行灌浆封堵。

4.3.2.2　基坑涌水应急处理

随基坑下挖施工,上覆压重减小,分别于右岸下闸首附近及左岸航下 0+116 处各发现揭露一涌水点,其中右岸涌水点初步判定与黔江连通,左岸涌水点与渣场积水区域连通,基坑涌水量增加,且存在灾难性涌水风险。以左右侧输水廊道基坑岩溶涌水应急抢险堵漏为主,在涌水来水方向上一级平台离涌水点一定距离布置一排临时帷幕。分以下几步进行:

(1)对基坑岩溶涌水点进行反压封堵,控制渗水增大趋势,控制涌水险情。

(2)在涌水来水方向的上一级平台,离涌水点一定距离布置一排临时帷幕。

(3)在临时帷幕上采用冲击回转钻机快速成孔,结合地质岩芯钻机探查,尽快查明岩溶透水通道位置及发育规模、水动力条件等。

(4)根据查明的岩溶发育情况及地下水动力条件进行灌浆封堵施工,根据钻孔揭露不同地质条件采用相应处理办法。

4.3.2.3　主体部位涌水应急处理

船闸主体部位岩溶应急抢险涌水封堵治理主要包含基坑岩溶涌水应急抢险封堵及帷幕灌浆施工。现场施工过程中优先在基坑内进行岩溶涌水应急抢险封堵,再进行帷幕灌浆施工。基坑岩溶应急抢险涌水封堵施工工艺流程为:涌水点清理→导流(注浆)管制作、安装及反滤料抛填→混凝土压重浇筑→封堵漏水裂隙→灌浆封堵。岩溶涌水应急处理采用"导管引排,反滤压重,灌浆封堵"的方法进行;帷幕灌浆根据不同部位、岩溶发育情况分别采用不同材料和相应的方法进行灌浆处理。

分段浇筑方法注重局部处理,更加节约材料,但可能延长工程周期和增加施工复杂性。帷幕灌浆方法适用于大范围问题,施工速度快,但可能浪费一些材料,并且难以应对局部问题。在大藤峡水利枢纽工程岩溶涌水的情况下,新珠监理公司根据具体工程的地质情况和项目需求,经过权衡和决策提出分段浇筑、钢管引流、水泵集中抽水、帷幕灌浆封堵相结合的方案。以上处理方案既能分段有针对性地加固和修复岩溶涌水,并且只在需要的区域进行注浆,降低工程成本,可以根据不同地质条件和施工进展情况灵活调整工程计划,也能使帷幕灌浆涵盖整个区域,实现相对均匀的注浆效果,提高整体的岩溶地质稳定性。

4.3.3　岩溶防渗处理

随着船闸基坑不断开挖,船闸基坑溶蚀发育,溶沟、溶槽发育,岩溶涌水量大,此时船闸基坑已开挖接近建基面,基坑内岩溶涌水量呈不断增加趋势,岩溶涌水点不断增加。为保证施工安全,需对基坑两侧进行岩溶防渗处理。防渗处理主要为帷幕灌浆,采取自上而下灌填结合的处理方式。

施工总程序:施工准备→场地平整→钻孔放样→先导孔→物探测试→Ⅰ序孔→Ⅱ序孔→Ⅲ序孔→检查孔→资料整理→单元工程质量评定。

先导孔(物探孔)施工工艺流程:钻孔定位→固定机具→非灌段跟管钻进→灌浆段钻进至岩面下 2 m→孔口管镶铸→钻进第一段、取芯→洗孔、压水试验→自上而下分段钻孔取芯,压水试验至设计高程→下入物探用的 PVC 管→物探测试→拔出物探用的 PVC 管→自下而上分段灌浆至基岩面→终孔段灌浆结束→封孔→单孔资料整理。(注:先导孔比处理帷幕底线埋深超出 5 m)

灌浆孔单孔施工工艺流程:钻孔定位→固定机具→非灌段跟管钻进→灌浆段钻进至岩面下 2 m→孔口管镶铸→钻进 5 m 一段,灌浆→钻进至底部高程→最后一段灌浆封孔→单孔资料整理,特殊情况可根据实际情况适当延长和缩短灌浆段次。

在大藤峡水利枢纽工程岩溶防渗处理中主要采取的是帷幕灌浆方案,帷幕灌浆可以在整个岩溶地质区域形成均匀的注浆帷幕,有效地减少渗水通道,提高防渗效果;可以覆盖大面积的地质结构,确保整个区域的防渗性能;相对于其他防渗方法,帷幕灌浆通常还具有较快的施工速度,有助于快速完成工程,减少停工时间。即使采用帷幕灌浆要涵盖整个区域,增加了工程成本,但新珠监理公司综合考虑船闸基坑排水量巨大,且存在灾难性岩溶涌水风险,为确保整个区域防渗安全,加快施工进度,最终选取了以上处理方案。

4.3.4 上闸首溶沟(槽)处理

根据开挖揭露地质条件,上闸首上游侧边坡岩体破碎,右岸为斜向坡,边坡自稳能力差,同时其左右侧发育有溶沟(槽),溶沟(槽)内充填有淤泥质土,边坡安全隐患突出。为满足上闸首建基及上游侧边坡稳定要求,需对溶沟(槽)清挖处理,对上游边坡采用锚喷及护坡混凝土进行支护,溶沟(槽)采用混凝土进行回填处理。根据"大藤峡水利枢纽工程船闸字 2016 年 06 号设计通知单",上闸首及上游侧边坡溶沟(槽)处理主要施工内容包括:①溶沟(槽)及边坡开挖施工;②边坡锚喷支护及排水孔施工;③边坡护坡混凝土浇筑;④溶沟(槽)回填混凝土浇筑;⑤预留桩基孔施工。

4.3.5 闸室左边墙 3# 岩溶地下水处理

船闸工程 3# 岩溶地下水出水口位于闸室左边墙第 4 块与第 5 块之间,桩号约为航下 0+116,出口顶部高程约 -2.0 m,底部高程不明,涌水处水面高程为 -5.0 m,水面宽度约 7.0 m,涌水流量约为 1 600 m³/h,坡面内肉眼可见岩溶空腔长约 8.0 m,宽约 5.0 m,高约 5.0 m。上述涌水严重影响船闸混凝土浇筑施工,为满足混凝土干地施工要求,施工单位拟对其采用自流引水和抽排相结合的方案进行处理。

左边墙 3# 岩溶地下水采用先引排后封堵的方案。施工处理分为 3 个阶段进行。

第一阶段:利用左边墙基础岩溶开挖处理形成的深槽作为集水井,在深槽集水井下游侧 -2.0 m 高程平台上布置抽水泵,并沿高程平台布设 3 道 DN250 钢管至下游泄水箱涵处重点泵站,在岩溶洞内埋入4根DN500排水钢管对岩溶地下水进行引排。

第二阶段:当闸室左边墙第4块上游段输泄水廊道底板浇筑完成,需进行3#岩溶地下水排水系统占压的第4、5块边墙混凝土施工时,将混凝土挡水围堰内上游侧2根钢管加长引到已浇筑成型的输水廊道底板上,并在管道上安装闸阀及排气球阀,供后续管道封堵之用。下游侧2根钢管于混凝土挡水围堰内侧面处拆除,并用带法兰的钢板对端头进行封堵,同时利用管道上设置的三通管采用C25泵送混凝土对管道进行封堵。

第三阶段:当自流排水管需要封堵时,利用预先埋入溶洞内的DN200溶洞封堵泵送混凝土管及排水管上设置的三通管,往溶洞及管道内灌注C25泵送混凝土,对溶洞及管道进行封堵。

3#岩溶地下水处理施工项目主要包括管道加工和安装、水泵拆装、出水口处挡水黏土围堰填筑与拆除、混凝土围堰浇筑、排水管道安拆、溶洞与管道封堵混凝土浇筑、地下岩溶水抽排。

监理部认为该操作方案较复杂,工序较多,建议施工单位对方案进行如下修改:

(1)复核3#涌水点涌水量,按涌水量大小埋设相应大小的引排水管。

(2)引排水管埋设方法较烦琐,建议在涌水溶洞内插入引排水管,在洞内用黏土沙包封堵渗水后,按照相关设计通知施工。

(3)航下0+105~0+135边坡裂缝处理完成后,闸室边墙浇筑至此段时,再对引排水管进行封堵或引排改道。

(4)闸室边墙浇筑到一定高度后即可从排水口运用反灌砂浆的方法进行封堵。

4.4　质量控制措施

大藤峡水利枢纽工程船闸基础主要为郁江阶灰岩和白云岩,岩溶发育,分布有较多的岩溶孔洞,有溶岩管道与江水连通的可能,基坑开挖可能产生大量的涌水。基础处理采取固结灌浆和帷幕灌浆措施,岩溶地区灌浆施工难度大,且灌浆工程是隐蔽工程,现场监管有一定难度。为保证施工质量,监理部从止水施工、灌浆施工、混凝土浇筑等3个方面开展质量控制工作。

4.4.1　止水施工质量控制措施

(1)督促施工方成立止水专业施工组,施工前进行系统专业培训,持证上岗,并建立相应的经济责任制。上岗人员不负责任,工作马虎者,及时更换或下岗,从施工组织上严格加强对止水施工的管理。

(2)加强对止水片(带)原材料的质量检查,不合格的严禁使用。

(3)加强现场管理与监督,提高工艺质量。加工成型后,仔细检查是否有机械加工引起的裂纹、孔洞等损伤,是否有漏焊、欠焊等缺陷,止水铜片焊接接头、橡胶止水带接头分别按相关的设计要求进行检验。止水铜片"鼻子"底部用胶带封闭,以防杂物及灰浆渗入。止水片按测放的控制点认真安装,保证位置准确、加固合理牢固;安装时小心谨慎,轻拿轻放,避免与钢筋、模板等碰撞、挤压,以防止水片变形或挂伤;安装完后,及时将止水片

(带)清理干净。

(4)加强止水片(带)的保护,确保止水完好无损。

(5)严格按"三检制"进行检查签证,定期进行质量评比,落实经济责任制,实行重奖重罚。

4.4.2　灌浆施工质量控制措施

监理工程师应监督承包人按已批复的施工方案进行灌浆施工,发现问题应要求承包人及时整改。灌浆施工质量控制要点如下:

(1)同一地段的基岩灌浆应按先固结后帷幕的顺序进行。

坝基固结灌浆应在坝基覆盖混凝土。浇筑其强度达到设计强度的50%或设计另有的要求以后进行。

坝基下面的帷幕灌浆应在固结灌浆完成至少7 d之后方能进行。

(2)帷幕灌浆孔钻孔孔位偏差不得大于10 cm,孔壁应平直完整。当孔深小于或等于60 m时,其孔向偏差不得大于2.0%,也不宜大于排距。孔钻应重点控制20 m孔深以内偏差。特别是上闸首上下游方向溶沟、溶槽发育区,有可能基岩薄弱带与库区连通,帷幕灌浆的孔位偏差控制尤为重要。

施工中应注意进行孔向测量,发现钻孔偏斜误差超过了误差限值,施工单位应及时予以校正或重新钻孔。

终孔段必须报请监理工程师参加测斜与方位角测定,并做好记录。

(3)钻孔遇有洞穴、塌孔或掉块难以钻进时,可先进行灌浆待凝固处理后继续钻进。如发现集中漏水,应查明漏水部位、漏水量和漏水原因,经处理后再行钻进。

(4)除指定情况外,所有的钻孔完成后应立即用灌浆压力80%、不大于1 MPa的压力水或采用风水轮换法进行裂隙冲洗,直到冲洗的回水洁净时止。在岩溶、断层、大裂隙等地质条件复杂地区,帷幕灌浆孔(段)是否需要进行裂隙冲洗以及冲洗方法,应通过现场灌浆试验或由设计确定。

(5)压水试验应分段进行,除监理工程师指定的情况外,每个试验段的长度不超过5 m。压水试验的总压力值一般应采用1 MPa。对于基岩帷幕灌浆,当灌浆压力小于1 MPa时,宜为0.3 MPa;当灌浆压力小于0.3 MPa时,宜采用灌浆压力。

(6)灌浆泵性能应与浆液类型、浓度相适应。容许工作压力应大于最大灌浆压力的1.5倍,并应有足够的排浆量和稳定的工作性能。灌浆管路力求短、直,确保浆液流动畅通,并能承受1.5倍的最大灌浆压力。

(7)固结灌浆、帷幕灌浆、接缝灌浆及高压摆喷射灌浆作业过程中,应经常测试水泥浆液的进浆和回浆比重。当浆液比重与设计浆液比重值有误差时,应立即调整浆液水灰比,直至符合设计要求。

(8)承建单位在现场应有足够数量已校准的流量计、压力计和抬动观测的千分表等测量计,避免灌浆作业因缺乏测量计而受阻。压力计的精度应为±3%,使用压力宜在压力表最大标值的1/4~3/4。

各种测量计要求加强维护保养,定期校正。不合格的和已损坏的压力表与千分表严禁使用。压力表与管路之间应设有隔浆装置。

(9)灌浆塞应和采用的灌浆方式、方法、灌浆压力及灌区地质条件相适应。黔江副坝、南木江副坝基岩固结灌浆压板薄压重轻或无盖重,基岩上部风化破碎,基岩面(接触面)灌浆段不宜过长,灌浆压力和方法是控制的重点。

胶塞(球)应具有良好的膨胀性和耐压性能,在最大灌浆压力下能可靠地封闭灌浆孔段,并且易于安装和卸除。

(10)灌浆工程所采用的水泥品种,一般情况下应采用普通硅酸盐或硅酸盐大坝水泥,其品质应符合下列要求:

①帷幕灌浆和固结灌浆所用的水泥标号不应低于 425 号。对于坝基帷幕灌浆,当可灌性较差时,应通过灌浆试验研究采用磨细水泥。

②接触灌浆所用的水泥标号不应低于 525 号。

③所有灌浆用水泥必须符合质量标准,不得使用受潮结块或过期的水泥。采用细水泥时,应严格防潮和缩短存放时间。

(11)水泥灌浆一般使用纯水泥浆液,如需要掺入其他掺合物或外加剂,必须事先报经监理工程师批准。

(12)对于帷幕灌浆、固结灌浆,应采用孔内循环式灌浆方法,射浆管距孔底不得大于 50 cm。

(13)基岩灌浆段长宜采用 5 m,特殊情况下可适当调整,但不得超过 10 m。基岩灌浆的基岩段长度小于 6 m 时,可采用全孔一次灌浆法;大于 6 m 时,可采用自上而下、自下而上,综合灌浆成孔孔口封闭灌浆法。

(14)灌浆压力应符合设计要求,并应通过灌浆试验确定。只要不会引起混凝土或岩体变形超过设计允许值,应尽可能使用较高的灌浆压力。

(15)帷幕灌浆浆液的浓度应由稀到浓,逐级变换。

帷幕灌浆浆液变换原则如下:

①当某一比级浆液的注入量已达 300 L 以上或灌浆时间已达 1 h 而灌浆压力和注入率均无改变或改变不显著时,应改浓一级。

②当注入率大于 30 L/min 时,可根据具体情况越级变浓。

固结灌浆浆液变换可参照上述规定,根据工程具体情况确定。

(16)灌浆过程中,灌浆压力或注入率突然改变较大,应立即查明原因,采取相应的措施处理。

(17)各类灌浆技术标准如下:

①帷幕灌浆采用自上而下分级灌浆法时,在规定压力下,灌浆段的注入率不大于 0.4 L/min 时,继续灌浆 60 min;或其注入率不大于 1 L/min 时,继续灌注 90 min。采用自下而上分段灌浆法时,继续灌浆时间相应地减少为 30 min 和 60 min。

②固结灌浆在规定的压力下,注入率不大于 0.4 L/min 时,继续灌注 30 min。

③接触灌浆在规定的压力下,灌浆孔停止吸浆,延续灌注 5 min。

(18)灌浆过程中,发现冒浆、漏浆、串浆、涌水等情况时,应及时向监理工程师报告,并提出处理措施报监理工程师批准后实施。

(19)灌浆作业必须连续进行,若因故中断,可按照下述原则进行处理:

①应及早恢复灌浆,否则应立即冲洗钻孔,而后恢复灌浆。若无法冲洗或冲洗无效,则应先进行扫孔,而后恢复灌浆。

②恢复灌浆时,使用开灌比级的水泥浆继续灌注,如注入率与中断前的相近,即可改用中断前比级的水泥浆继续灌注;如注入率较中断前的减少较多,则浆液应逐级加浓继续灌注。

③恢复灌浆后,如注入率较中断前减少较多,且在短时间内停止吸浆,应采取补救措施处理。

(20)灌浆段注入量大,灌浆难以结束时,可选用下列措施处理:

①低压、浓浆、限流、限量、间歇灌浆。

②浆液中掺加适量细砂或速凝剂。

③灌注稳定浆液或混合浆液。

该段经处理后仍应扫孔,重新按照技术要求进行灌浆直至结束。

(21)灌浆过程中如回浆变浓,宜换用相同水灰比的新浆进行灌注。若效果不明显,延续灌注 30 min 后,即可停止灌注。

(22)固结灌浆、帷幕灌浆检查孔应在下述部位布置:

①岩石破碎、断层、大孔隙等地质条件复杂的部位。

②注入量大的孔段附近。

③钻孔偏斜较大、灌浆情况不正常及经分析资料认为对帷幕灌浆质量有影响的部位。

(23)帷幕灌浆检查孔压水试验应在该部位灌浆结束 14 d 后,采用自上而下分段卡塞进行压水试验,试验结束后,应按技术要求进行灌浆和封扎。

(24)固结灌浆质量压水试验检查、岩体波速检查、静弹性模量检查,应分别在灌浆结束 3~7 d、14 d、28 d 后进行。

(25)灌浆作业结束后应排除孔内积水和污物,视情况采用机械或压力灌浆封孔并抹平。

(26)高压喷射灌浆作业应分序进行,相邻孔喷灌作业间隔时间控制在 12~72 h,喷灌参数应符合设计要求。

①喷灌作业过程中,拆卸灌浆管节后,重新进行喷灌作业的搭接长度不小于 0.3 m。

②高压喷射接近顶部时,应从顶部以下 1.0 m 开始,慢速提升,至顶部喷射数秒即可结束。结束后应不间断地将冒出地面未受污染的浆液回灌到喷灌孔内,直至孔内的浆液面不再下沉为止。

③灌浆施工作业完成后,应按要求和监理工程师指示对施工作业现场进行清理和维护。检查孔施工必须符合设计要求和技术规范规定,压水 24 h 前应通知监理工程师到现场核查。达不到防渗标准的部位,应查明原因,提出处理措施报监理部(处)批准后实施。

4.4.3 混凝土浇筑质量控制措施

(1)水泥、外加剂、砂石骨料等要定期随机抽样检查与试验,其贮存满足相应的产品贮存规定,禁止不合格材料进入拌和系统。

（2）混凝土施工前，现场实验室根据各部位混凝土浇筑的施工方法及性能要求，进行混凝土配合比设计，确定合理、先进的混凝土配合比。

（3）控制混凝土拌和质量。

严格按实验室开具的，并经监理工程师批准的混凝土配料单进行配料；使用复合型外加剂，提前做不同种类外加剂的适配性试验，严格控制外加剂的掺量；根据砂石料含水量、气温变化、混凝土运输距离等因素的变化，及时调整用水量，以确保混凝土入仓坍落度满足设计要求；定期检查、校正拌和楼的称量系统，确保称量准确，且误差控制在规范允许范围内；保证混凝土拌和时间满足规范要求；所有混凝土拌和采用微机记录，做到真实、准确、完整，以便存档或追溯。

（4）加强现场施工管理，提高施工工艺质量。

①成立混凝土施工专业班，施工前进行系统专业培训，持证上岗。

②混凝土入仓后及时进行平仓振捣，振捣插点要均匀，不欠振、不漏振、不过振。

③止水、金属结构、机电及其他埋件安装准确，混凝土浇筑时由专人维护，以保证埋件位置准确。

④混凝土浇筑施工时，做到吃饭、交接班不停产，浇筑不中断，避免造成冷缝。

5　金属结构安装

5.1　概　况

水工金属结构的安装和调试是水利枢纽工程建设的关键环节,也是确保水利枢纽工程安全稳定运行的重要过程和程序。水工金属结构涵盖了水利水电工程的闸门、拦污栅、启闭机等金属构件和产品。在水利枢纽工程建设中,水工金属结构的安装是确保工程结构牢固可靠的重要步骤。安装过程涉及准确的位置定位、组装连接、焊接等工艺,要求严格遵守设计要求和技术规范。安装质量的好坏直接关系到水工金属结构的稳定性和工程的安全性。调试是安装完成后的必要步骤,旨在验证水工金属结构的功能性和性能。调试过程包括机械动作测试、密封性能测试、电气控制系统测试等,以确保各项功能正常运行。调试的目标是发现并解决潜在问题,确保水工金属结构在实际操作中具备良好的性能和可靠性。水工金属结构的安装和调试对于水利枢纽工程的顺利运行至关重要。合理的安装和有效的调试能够确保水工金属结构在正常运行和突发情况下的可靠性和稳定性,从而保障水利枢纽工程的安全运行和水资源的有效利用。

船闸是大藤峡水利枢纽工程的主要金属结构。船闸闸门包括:输水廊道平板检修闸门8扇、上闸首平板事故检修闸门1扇、下闸首浮箱式检修闸门1扇、下闸首浮式检修闸门门库平板检修闸门1扇、充泄水反向弧形工作阀门4扇、上下闸首人字门4扇、辅助泄水廊道平板检修闸门1扇、辅助泄水廊道平板工作闸门1扇。船闸启闭机包括:船闸上闸首右侧人字门、充水反弧门液压启闭机系统1套,船闸上闸首左侧人字门、充水反弧门液压启闭机系统1套,船闸下闸首右侧人字门、泄水反弧门、辅助闸门液压启闭机系统1套,船闸下闸首左侧人字门、泄水反弧门液压启闭机系统1套,上闸首2×2 500 kN双向桥机1套,防撞警戒装置固定卷扬式启闭机2台。船闸其他金属结构包括:进水口拦污栅16孔,船闸闸室浮式系船柱30孔,防撞警戒装置1套,上下游引航道及上游锚地固定式系船柱336套,下闸首跨闸交通桥单跨连续开口钢箱梁。

大藤峡水利枢纽左岸金属结构与设备包括船闸进水、尾水人字门、输水拦污栅、输水闸门、辅助泄水闸门、启闭机安装、南木江生态水道及灌溉闸门等。

上闸首挡水前缘宽度113 m,沿水流方向长58.8 m,人字门底槛顶高程38.20 m,采用2×2 000 kN液压直联式启闭机操作,船闸上闸首人字门上游侧布置有一道事故检修闸门,为露顶式滑动叠梁闸门。上闸首事故检修门孔口净宽34.0 m,上层为桁架式平板门(高9.7 m、宽35.5 m),下层为4节叠梁闸门,每节高3.4 m、宽35.5 m,安装工程量1 134.24 t。上闸首事故门门槽埋件由主轨、反轨、底槛、侧槛、橡胶块和压板组成,埋件总工程量51.77 t。事故门库上游门槽中心线航上0+16.23 m,门库下游门槽中心线航上0+11.57 m,门库孔口中心线1+258.66 m;门库上游门槽底槛高程55 m,门库下游门槽底槛高程 50.5 m,轨顶高程 65 m,门库埋件包括正轨、反轨、底槛,安装总工程量 20.63 t。

下闸首长 58 m,顶宽 80 m,底宽 116.4 m,人字门底槛顶高程 14.95 m,其人字门采用 2×3 200 kN 液压直联式启闭机操作。下闸首人字门是目前全国最大的人字闸。在下闸首人字门的下游侧设有 1 道浮箱式检修闸门,用于闸室及人字闸门检修,浮箱式检修闸门平时存放在专用门库内,工作时采用拖船进行操作。下闸首人字门安装如图 5-1 所示。

图 5-1　下闸首人字门安装

船闸闸室两侧各设 1 条充泄水廊道,廊道进水口设在闸室进水段侧面,每条廊道设有 8 个进水口,最前端设 1 道拦污栅。输水廊道进水口设有 5 m×(5~7) m 拦污栅 1 道 8 孔 8 扇,两条输水廊道共设 16 孔 16 扇,单重 8.025 t,总重 128.4 t。埋件总重为 5.994 t×16＝95.904 t。闸室输水廊道上段和尾部各设有 1 道反向弧形工作阀门,共设 2 道(4 扇)工作阀门,反向弧形工作阀门均采用 2 500 kN/100 kN 液压启闭机操作。每扇反向弧形阀门上下游各设 1 道平面检修闸门,输水系统充泄水工作阀门上下游检修闸门共 8 扇,每扇检修闸门设置 1 个门库,布置在上闸首及闸室段,左右对称布置,供工作阀门检修使用。船闸输水系统所有检修闸门均采用临时起吊设备操作。为满足闸室向下游航道排泄部分水体的要求,在下闸首左侧设 1 条辅助泄水短廊道。辅助泄水短廊道设置 1 道平面定轮工作阀门,采用 500 kN 竖缸式液压启闭机操作。在平面定轮工作阀门上游侧布置 1 道检修闸门,供工作阀门检修时使用,检修闸门采用临时启闭设备通过吊杆操作启闭。

南木江灌溉取水口、生态放水口、鱼道事故闸门及灌溉和生态取水口布置在南木江副坝,采用进口设有压短洞后接无压隧洞的取水方式,共设有 1 条灌溉引水洞和 2 条生态引水洞。引水洞取水口分别设有 1 道平面事故闸门和 1 道弧形工作闸门。灌溉洞平面事故闸门和生态洞事故闸门共享 1 台 2×250 kN 单向门机配自动抓梁操作,生态流量系统工作闸门弧形采用 800 kN/200 kN 液压启闭机操作,灌溉系统工作闸门弧形采用 300 kN/180 kN 液压启闭机操作。

右岸水工金属结构设备由泄水系统、发电系统、航运系统、灌溉和生态系统及鱼道系统组成。

泄水系统设在黔江主坝,共设 26 孔,其中泄水高孔 2 孔,泄水低孔 24 孔。

泄水高孔设有 1 道工作闸门,采用弧形工作闸门配 2×5 000 kN 液压启闭机操作。弧形工作闸门上游设有 1 道平面定轮事故闸门,采用 2×2 500 kN 坝顶门机操作。每个泄水低孔设有 1 道弧形工作闸门,采用 2×6 300 kN 液压启闭机启闭。泄水低孔工作闸门上游设有 1 道平面定轮事故闸门,采用 2×2 500 kN 坝顶门机操作。泄水低孔工作闸门下游设有 1 道浮箱式检修闸门,平时存放在专用门库内,工作时采用拖船进行操作。

发电系统共装机 8 台,左岸设有 3 台机组,右岸设有 5 台机组,每台机组设有 3 个进水孔,共 24 孔。每个孔口分别设有 1 道拦污栅、1 道平面滑动检修闸门和 1 道平面定轮事故闸门,都采用 2×2 500 kN 坝顶门机操作。为了清除拦污栅上的污物,有效地保证机组出力,在每个进水口前端设置 1 道 3 孔清污装置轨道,用于清污装置的导向。为避免拦污栅的检修、维护及损坏对工程正常运行的影响,另设置 2 套 6 扇备用拦污栅。在库区内左右岸发电系统进水口前端还各设置 1 道浮式拦污栅,用于拦截库区发电坝段内的漂浮物。

厂房尾水设有 1 道平面滑动检修闸门,供机组检修和初期发电使用。为满足施工期及永久运行挡水要求,右岸厂房设 2 套共 6 扇尾水闸门,3 个尾水闷头。

右岸二期金属结构包括 4 扇泄水低孔闸门、1 扇高孔闸门及配套的启闭设备和埋件,右岸厂房尾水闸门、事故闸门、拦污栅、检修门、鱼道闸门及启闭机、拦污栅、门槽及预埋件等,分布在泄洪闸、右岸厂房、鱼道等部位,总重约为 1.9 万 t。

5.2　金属结构安装工程的特点及难点

在业主授权范围内,监理部将以质量控制为基础,全面控制工程进度、质量和工程支付的全过程。同时,监理部将立足于现场,并按照公正、科学、诚信和服务的原则,积极开展监理管理工作,以实现"三控制、三管理、一协调"的目标。监理部致力于确保工程建设合同目标的顺利实现,并使工程质量达到优良水平。

5.2.1　专业工程特点

水工金属结构的安装和调试是水利枢纽工程建设的重要组成部分,也是确保水利枢纽工程安全稳定运行的关键施工过程和程序。对于水工金属结构的安装和调试,有效的控制和管理至关重要。该枢纽工程涉及大量的金属结构安装工作,工期紧迫,任务集中,同时还面临施工强度大和大件吊装等挑战。主要特点如下:

(1)水工金属结构的安装施工作业涉及多个专业领域,包括金属结构、机电和电气等,同时还需要与土建工程施工作业进行衔接,相互交叉并相互制约。此外,还需要统筹考虑设备的制造和交货进度计划执行情况,协调各方工作量巨大。

(2)设备的质量直接影响工程目标的顺利实现。因此,设备出厂验收、开箱检查和安装前的检测工作是质量控制的重要环节。

(3)水工金属结构的安装精度要求较高,因此在安装和调试过程中,各个环节的控制至关重要。安装和调试质量的好坏将直接影响工程的安全稳定运行,因此必须进行严格控制,这是监理工作的重点。

(4)该工程的金属结构安装任务量大,工期紧迫,任务集中、强度大,施工现场存在多个工种的平行作业,施工干扰较大,同时还需要进行大件吊装,安全问题突出。对于大件吊装,必须进行严格控制。

5.2.2　专业工程难点

大藤峡水利枢纽工程等别为Ⅰ等,规模为大(1)型,正常蓄水位 61.00 m,总库容 34.79 亿 m³,防洪库容 15 亿 m³。在金属安装与调试工程中,船闸工程是重中之重,其金属结构超重超大件多、安装难度高,具体情况分析如下:

(1)船闸工程金属结构安装工程量总量大,达到 1 万余 t,安装内容涵盖平面闸门、弧形闸门、桥机、液压启闭机、蘑菇头等多种形式,安装施工工艺较复杂,技术要求高,质量要求严。

(2)超重超大件较多,其中:最重件、最长件为上闸首桥机轨道梁,单件重量达 170 t,长达 38 m;第二超重件为输水廊道反弧门,单件重量达 150 t,长达 9.3 m;第三超重件为人字门,单节重量达 110 t,长达 20.2 m。超重超大件对运输设备、运输道路及起重设备的要求均很高,超重超大件的运输和拼装作业安全隐患多、工艺复杂,进度缓慢。

(3)据有关资料记载,葛洲坝船闸人字门最大高度为 34.5 m,重为 600 t;三峡船闸人字门最大高度 38.5 m,门体厚度 3 m,人字门最大单扇门重 850 t;而大藤峡船闸人字门最大高度 47.5 m,门体厚度 3.2 m,人字门最大单扇门重 1 295 t,大藤峡船闸的人字门高度、厚度和重量等指标均超过了三峡船闸,堪称当今的"世界之最"。其安装难度之大,也属世界第一。

(4)泄水闸弧门总推力居国内同类工程前列,由此带来的超大构件安装难度大,质量要求高,也是监理金属结构安装质量控制的重点与难点。主要体现在以下几个方面:

①为确保泄洪安全,泄水闸采用大孔口尺寸的薄壁结构,考虑排沙、排漂及方便调度等因素,采用了高、低孔组合的布置方案。泄水闸低孔弧门支铰的支撑结构采用两跨连续钢梁,低孔弧门总推力标准值为 66 800 kN,高孔弧门总推力标准值为 60 000 kN,低孔弧门总推力水平位居国内前列。由于弧门总推力大,相应弧门安装精度要求高,是质量控制的重点;由此带来的超大金属结构安装难度较大,是质量控制的难点。

②弧形闸门支撑钢梁单件重量大、尺寸大,吊装难度高。

③为保证闸门安全可靠地运行,弧门侧轨埋件的垂直度、工作表面平面度和止水线曲率半径、铰座孔同轴度及门楣止水座板的桩号是质量控制的重点。弧门两侧曲率半径相对差、支臂对角线差、双吊点同轴度,以及土建施工对弧门一、二类焊缝现场焊接质量影响是质量控制的重点与难点。

④液压启闭机安装:液压管路配置、系统循环冲洗清洁度、设备电气、液压元件接口的准确性及双缸同步调试均是质量控制重点。液压启闭机安装调试与土建施工干扰大,施工期启闭机设备防护是质量控制的难点。

5.3　水工金属结构监造

水工金属结构的制造对于水利工程的质量和进度具有重要影响。滞后的交货会对工程进度产生影响,而制造中出现质量问题则会危及工程的质量。为了保证水工金属结构的制造按时完成且质量符合相关技术要求,对重要设备应采取监造制度。这样可以确保制造过程受到监督,从而保证水工金属结构的制造质量和工期的顺利达成。

大藤峡水利枢纽工程底孔泄水闸工作弧门采用钢梁支承,其特大型支撑钢梁的监造也是整个工程中至关重要的一个环节,其支撑钢梁主要由前翼板、后翼板、腹板、隔板、筋板、加强板、端部座板、支绞座板、钢直梯及进人孔盖板组成。钢梁制造主要内容为:钢梁组装、焊接,钢梁加工,钢梁防腐及附件制造安装(简称制安)。

支撑钢梁外形尺寸:长度15.1 m,宽4.7 m,高3.8 m,单根重228 t,位居国内同类工程前列,制造难度较大。为了控制焊接应力和变形,减少焊接裂缝,保证尺寸精度和稳定性,需要制定完整、合理、经济的焊接工艺。钢梁工作面跨度最大15 m,需要专用设备进行加工以保证精度。由于翼板厚度达到70 mm,在焊接过程中需要多次翻身,因此还需制定专门的翻身方案以保障施工安全。

支撑钢梁制作过程监造控制方法和措施主要包括:

(1)主要材料质量控制。审查所使用的钢材和焊材是否符合合同要求,并进行文件见证和现场见证控制主要材料的质量。

(2)组拼工序质量控制。对下料、拼组、焊接、加工、预拼装等工序进行质量控制,确保构件和工序符合工艺文件和相关规范要求。进行主要组拼尺寸检查,并做好监理记录。

(3)焊接工序质量控制。钢梁的焊接应按设计图纸和焊接工艺要求进行。一、二类焊缝坡口的形式与尺寸、焊缝的分类、外观质量检查应符合相关规定。钢梁翼板板厚70 mm,板材为Q345B,应选择低氢焊接材料焊条,并采取焊前预热、焊后消氢热处理的措施。支撑钢梁的消应力处理采用振动时效方法,并提供焊缝消应前、后的残余应力测试报告。监造应采用现场见证的方法,对焊材、坡口形式、焊接顺序、预热、保温、消氢和振动消应进行重点控制,及时要求制造单位提供无损探伤报告和振动消应报告,并做好监理记录。

(4)焊接翻身过程控制。为控制焊接变形,需制定专门的施工方案,经过制作单位的技术负责人和总监理工程师签字后执行。支撑钢梁采用主、副起升悬空翻转方式操作,监造现场见证操作过程,检查扭曲情况。

(5)机加工过程质量控制。钢梁工作面要求机加工满足表面粗糙度$Ra \leqslant 12.5$,平面误差不大于0.5 mm,工作面相对高差不大于0.5 mm。钢梁下料时预留3~4 mm的机加工余量,根据图纸要求安装和焊接支铰座板,并进行合理的铆钉焊布置,画线确定机加工余量。钢梁支撑架与钢梁结合面也需进行机加工,要求制作单位根据支撑架夹角进行画线,以保证安装精度。监造通过现场见证和停工待检的方式控制加工工序的质量,复核画线结果,并检查机加工后工作面的精度,确保符合技术要求,并记录检验情况。

(6)防腐过程质量控制。审查防腐施工单位、人员资质及防腐施工设备。督促施工人员按照防腐工艺要求施工。见证防腐材料和涂层质量,抽检表面处理、涂层间隔时间、涂层厚度等。控制工作环境的湿度和温度,保证表面预处理质量。采用现场见证和停工待检的方法进行防腐工序的质量控制。巡视检查防腐工艺文件执行情况,对防腐外观进行目视检查。对粗糙度、附着力的检测采取停工待检。

5.4　安装质量控制

5.4.1　埋件安装

大藤峡水利枢纽工程船闸人字闸门埋件分为上下闸首两部分,上下闸首人字闸门埋件基本相同,埋件的布置及安装高程左右对称,人字闸门埋件包括顶枢装置、底枢装置、枕座埋件、底坎埋件等。

5.4.1.1　准备工作

(1)埋件安装前,门槽中的模板等杂物必须清除干净。一、二期混凝土的结合面应全部凿毛,调整预埋锚栓或清除预埋锚板上的混凝土。

(2)门槽一期采用直埋时,门槽台车安装完成后需进行门槽安装模拟试验。

(3)检验测量仪器。

(4)孔口中心、高程及里程控制点用红铅油标示,挂警示牌保护。

(5)搭设脚手架及安全防护设施。

(6)布置电焊机、起吊设备作业室。

(7)配合吊装用的锚栓应在一期混凝土浇筑时预埋。

5.4.1.2　埋件安装的技术要求

(1)门槽一期直埋时,应重点做好加固措施。

(2)现场堆放埋件时应支平垫稳,吊装时应有防碰撞和保护预埋件表面涂层的措施。

(3)埋件安装调整好后,应将调整螺栓与锚栓或锚板焊牢,确保埋件在浇筑混凝土过程中不发生位移或变形。

(4)埋件工作面对接接头的错位均应进行缓坡处理,过流面及工作面的焊疤和焊缝余高要铲平磨光,凹坑应补焊平并磨光。

(5)埋件安装完,经检查合格,应在5~7 d内浇筑混凝土。如过期或有碰撞应予复测,复测合格,才能浇筑混凝土,且浇筑高度不宜过高。浇筑时应注意防止撞击,并采取措施捣实混凝土。

(6)埋件混凝土拆模后,应对埋件进行复测,并做好记录。同时,检查混凝土面尺寸,清除遗留的钢筋和杂物,以免影响闸门启闭。

(7)工程挡水前,应对全部门槽进行试槽。

5.4.1.3　质量控制措施

(1)埋件施工前,监理部要求安装单位上报相关技术措施,监理工程师就技术措施进行审核。

(2)安装的门槽埋件在吊装前进行外观尺寸检查,合格后方允许吊装。门槽安装基准线和基准点要求安装单位复核检查,并经测量专业监理工程师确认合格后才能进行安装。

(3)重点对埋件加固的合理性和加固质量进行控制,避免在混凝土浇筑过程中发生变形或位移。埋件安装就位并固定后,在二期混凝土浇筑前,监理工程师要求安装单位对埋件的安装位置和尺寸进行再次测量检查,并经监理工程师确认合格后进行混凝土浇筑。

(4)埋件安装焊缝焊接接头的工作面错位应进行缓坡处理,过流面和工作面的焊疤及焊缝余高要打磨干净。二期浇筑完成后对埋件进行全面彻底的清扫,清扫完成后要求安装单位进行有效保护,防止二次污染。

(5)土建承包人需遵守相关要求,控制混凝土浇筑速度和下料方式。

5.4.2　拦污栅安装

5.4.2.1　拦污栅槽埋件安装

测量点获得监理部批准后方可进入下一道工序。各构件与锚栓、锚板焊接连接严格,按照要求进行焊接施工。埋件定位、固定及浇筑混凝土后,均进行安装尺寸及位置的复核。对栅槽各过流面及工作面均进行打磨处理,使各接头与制造面保持一致。特别是影响运行的不锈钢焊缝,使其过渡平滑。对于不锈钢面的接头处采用不锈钢焊条施焊。栅槽埋件浇筑二期混凝土后进行复查验收,监理认可后方能进入下一道工序。

5.4.2.2　拦污栅安装

拦污栅安装前检查栅槽,杂物清理干净,保证拦污栅入槽过程中无卡阻。拦污栅尺寸检查合格后,根据规范和设计要求全面涂刷一道面漆。活动式拦污栅栅体吊入栅槽后,做升降试验,检查栅体在槽中的运行情况,做到无卡阻和各节连接可靠。

5.4.2.3　浮式拦污栅安装

在设备安装之前,需要进行清扫,并检查活动部件是否灵活。如果发现不灵活的情况,需要采取相应的处理措施。在验收浮式拦污栅时,需要确保各项误差都在安装精度要求的范围内。端部浮箱体的导向轮应能够灵活运转,不能出现任何卡阻现象。浮筒式支撑通过滚轮沿导槽轨道升降,浮筒式支撑与栅叶之间通过钢丝绳和轴进行连接,在安装后各个铰接点应该能够转动灵活。

5.4.3　闸门安装

5.4.3.1　平面闸门

1. 门叶组装

应对单节门各项尺寸进行复测,组装后检查闸门的整体尺寸,并安装闸门有关附件。然后根据工地运输和吊装能力,分节或整扇吊入门槽进行安装。

2. 门叶安装

1)安装应具备的条件

门叶组装完成,检查合格,门槽复测合格,记录齐全,门槽内杂物及钢筋头等清理干净。闸门锁定装置可以投入使用,或已有临时锁定措施。起吊及运输方案已确定,起重设备布置就绪。现场作业室布置就绪。清理出门叶及附件的堆放场地。门槽孔口及坝上孔洞已设置安装围栏及盖板。

2)安装技术要求

螺栓连接应均匀拧紧,节间橡皮的压缩量应符合技术文件要求。焊接需要采用合格的工艺和控制变形的措施。闸门滚轮和滑道应在同一平面内,滚轮转动灵活。闸门入槽前应做静平衡试验。止水橡皮接头可采用生胶热压等方法胶合,避免错位、凹凸不平和疏松现象。

闸门焊接时,如遇风速超过 10 m/s 的大风和雨天、雪天,以及环境温度在 5 ℃ 以下、空气相对湿度大于 90% 时,焊接处应有可靠的防护屏障和保温措施,否则严禁施焊。闸门组装经检查合格,方可施焊。施焊前应将坡口及两侧 20 mm 范围内清理出金属本色。

施工现场应建立二级焊条库,焊条由专人保管、烘焙、发放和回收,并应及时做好烘焙温度控制和焊条发放及回收记录。

连接用的螺栓、螺母和垫圈都应妥善保管。使用高强度螺栓时应做好专用标记。高强度螺栓应用测力扳手拧紧,测力扳手在使用前应检测其力矩值,并在使用过程中定期复验。

闸门吊入门槽后,应将门槽孔加盖封闭,防止杂物掉入,影响闸门启闭。

5.4.3.2　弧形闸门

圆柱铰的铰座安装的允许公差与偏差应符合《水电工程钢闸门制造安装及验收规范》(NB/T 35045—2014)的规定。

分节弧门门叶组装后,应进行尺寸复查,并采用合格的焊接工艺控制变形。潜孔式弧门支臂连接板和铰链、主梁组合时,要注意减少变形,确保组合面良好接触。铰轴中心至面板外缘的曲率半径 R 的允许公差为 ±4 mm,两侧相对差不应大于 3.0 mm。顶侧止水安装的允许偏差和止水橡皮的质量要求应符合规范和施工技术要求。

5.4.3.3　船闸人字闸门

人字闸门安装过程中,监理工程师检查各工序质量是否符合以下要求:

(1)底枢安装。

底枢是人字闸门安装的基准点,是监理安装质量控制的关键点。底枢安装的质量控制措施包括:

①底枢制造出厂前应确保顶盖与蘑菇头接触面积,并标定其实际中心位置。

②检查底枢安装偏差是否满足规范要求,否则应要求承包人整改到合格为止。底枢应满足以下要求:底枢轴孔或蘑菇头中心的极限偏差应不大于 2.0 mm,左右两蘑菇头高程极限偏差为 ±3.0 mm,其相对差应不大于 2.0 mm。底枢轴座的水平倾斜度应不大于 1/1 000。

(2)人字闸门门叶安装。

门叶安装应以底横梁中心线为水平基准线,以门体中心线为垂直基准线,并在门轴柱和斜接柱端板及其他必要部位悬挂铅垂线进行控制与检查。门叶安装应按照吊装对位、焊接并检验合格之后再吊装下一节的程序进行。每一节门页施工方应做到焊前检查、焊后复测,焊中要随时查看焊接变形情况。门叶每安装一节,监理工程师复测门轴柱和斜接柱两个方向的垂直度偏差,发现问题并要求承包人整改合格后,方可进行门叶加固。门叶焊接应采用已经评定合格的焊接工艺,并采取有效的防止和监视焊接变形措施。监理工程师按照《水利水电工程钢闸门制造、安装及验收规范》(GB/T 14173—2008)的要求进行焊接与检验,门叶整体几何尺寸及形位公差也应符合 GB/T 14173—2008 的规定。

(3)顶枢安装。

顶枢埋件应根据门叶上顶枢轴座板的实际高程进行安装,拉杆两端的高差应不大于 1.0 mm。两拉杆中心线的交点与顶枢中心应重合,其偏差应不大。顶枢轴线与底枢轴线应在同一轴线上,其同轴度公差为 2.0 mm。顶枢轴孔的同轴度和垂直度应符合《形状和位置公差 未注公差值》(GB/T 1184—1996)标准 9 级精度,表面粗糙度 $Ra \leqslant 25$ μm。

(4)支、枕座安装时,以顶部和底部支座或枕座中心的连线检查中间支、枕座的中心,其对称度公差应不大于 2.0 mm,且与顶枢、底枢轴线的平行度公差不应大于 3.0 mm。

(5)人字闸门部分埋件和门叶安装穿插进行,支枕垫座的填层料及底槛的二期混凝土要在门叶调整合格后才能浇筑。人字闸门埋件安装精度要求高,应严格控制二期混凝土进料及振捣,防止门轴柱顶枢、底枢中心偏移,防止埋件中心移位。

(6)闸门安装完毕后,应在无水条件下进行全行程启闭试验。关闭单扇门叶,检查门轴柱支、枕垫块,底水封与底止水板是否均匀接触;关闭两扇门叶,检查斜接柱垫块间是否均匀接触。

5.4.4　启闭机安装

(1)编制启闭机安装工艺流程。

(2)启闭机设备所有埋件的安装按施工图样、制造厂安装使用说明书、《水电工程启闭机制造安装及验收规范》(NB/T 35051—2015)规范及合同文件中有关规定执行。启闭机泵站机座安装高程偏差不大于 10 mm,机座水平度偏差不大于 2 mm。管道循环冲洗达到清洁度质量标准,经报监理确认后方允许同液压系统和液压油缸连接。

5.4.4.1　固定卷扬式启闭机

(1)固定卷扬式启闭机出厂前,应进行整体组装和空载模拟试验,有条件的应做额定载荷试验,经检验合格后,方可出厂。

(2)固定卷扬式启闭机进场后,应按订货合同检查其产品合格证、随机构配件、专用工具及完整的技术文件等。

(3)固定卷扬式启闭机减速器清洗后应注入新的润滑油,油位不应低于高速级大齿轮最低的齿高,但不应高于最低齿 2 倍齿高,其油封和结合面处不应漏油。

(4)应检查基础螺栓埋设位置及螺栓伸出部分的长度是否符合安装要求。

(5)钢丝圈应有序地逐层缠绕在卷筒上,不应挤叠、跳槽或乱槽。当吊点在下限时,钢丝绳留在卷筒的缠绕圈数应不小于 4 圈,其中 2 圈作为固定用,另外 2 圈为安全圈。当吊点处于上限位置时,钢丝绳不应缠绕到卷筒绳槽以外。

(6)固定卷扬式启闭机安装工程由启闭机位置、制动器安装、电气设备安装等部分组成,其安装技术要求应符合《水利水电工程启闭机制造安装及验收规范》(SL 381—2013)的规定,其中电气设备安装质量应符合《水利水电工程单元工程施工质量验收评定标准 发电电气设备安装工程》(SL 638—2013)及有关技术文件规定。

(7)制动器安装质量应符合桥式启闭机有关规定。

（8）固定卷扬式启闭机单元工程安装质量验收评定时，应提供各部分安装图纸、安装记录、试运行记录以及进场检验记录等。

5.4.4.2　液压启闭机

（1）液压启闭机机架的横向中心线与实际测得的起吊中心线的距离不应超过±2 mm，高程偏差不应超过±5 mm，调整机座水平度，使其误差应小于0.5 mm。

（2）基架钢梁与推力支座的组合面不应大于0.05 mm的间隙，其局部间隙不应大于0.1 mm，深度不应超过组合面宽度的1/3，累计长度不应超过周长的20%，推力支座顶面的水平偏差不应大于0.2/1 000。

（3）安装前应检查活塞杆有无变形，在活塞杆竖直状态下，其垂直度不应大于0.5/1 000，且全长不超过杆长的1/4 000，并检查油缸内壁有无碰伤和拉毛现象。

（4）吊装液压缸时，应根据液压缸直径、长度和重量决定支点或吊点个数，以防止变形。

（5）活塞杆与吊杆吊耳连接时，当闸门下放到底坎位置，在活塞与油缸下盖之间应留有50 mm左右的间隙，以保证闸门能严密关闭。

（6）管道弯制、清洗和安装均应符合《水轮发电机组安装技术规范》（GB/T 8564—2003）中的有关规定，管道设置应尽量减少阻力，管道布置应清晰合理。

（7）初调高度指示器和主令开关的上下断开点及冲水接点。

（8）试验过滤精度：柱塞泵不低于20 μm；叶塞泵不低于30 μm。

5.4.4.3　桥式启闭机

（1）桥式启闭机安装工程由桥架和大车行走机构安装、小车行走机构安装、制动器安装、电气设备安装等部分组成。在各部分安装完毕后进行试运行。

（2）桥式启闭机到货后应按合同要求进行验收，检验其各部分的完好状态、产品合格证、整体组装图纸等资料，做好记录并由责任人签证。

（3）桥式启闭机安装技术要求应符合SL 381及有关技术文件规定，其中电气设备安装应符合SL 638—2013及有关技术文件规定。

（4）在现场装配联轴器时，其端面间隙、径向位移和轴向倾斜应符合设备技术文件的规定。设备技术文件无规定时，应符合《机械设备安装工程施工及验收通用规范》（GB 50231—2009）规定。

（5）桥式启闭机单元工程安装质量验收评定时，应提供桥式启闭机的安装图样、安装记录、试验与试运行记录以及桥式启闭机到货验收资料。

5.4.4.4　门式启闭机

（1）门式启闭机安装由门架和大车行走机构、门腿、小车行走机构、制动器、电气设备安装等部分组成，其安装技术要求应符合SL 381及相关技术文件规定。在各部分安装完毕后进行试运行。

（2）门式启闭机出厂前，应进行整体组装和试运行，经检查合格，方可出厂。

（3）门式启闭机单元工程安装质量验收评定时，应提供该设备进场检验记录、安装图样、安装记录、重大缺陷处理记录及试运行记录等。

5.4.5 其他金属结构的安装

5.4.5.1 泵站总成的安装

泵站总成的安装为监控重点,全程旁站监理,其安装质量标准为:泵站机座安装高程差 5.0 mm,最大不超过 10.0 mm;机座水平度 1.0 mm,最大不超过 2.0 mm;泵站总成至油箱总成、泵站总成至阀台总成的管道连接按设备制造厂家定位标记复位,禁止强力对正。且安装中的擦洗,不准使用棉纱或棉质纤维布类,可用白绸布或吸水泡沫海绵,轻轻按擦。

5.4.5.2 油缸总成的安装

油缸总成的安装为监控重点,全过程旁站监理,其安装质量标准为:油缸实际支撑点偏差不大于 3 mm,油缸中心线安装高程偏差不大于 5 mm,油缸中心线与人字门拉门点中心线高程偏差不大于 5 mm,弹性支托装置支撑面高程偏差不大于 1 mm。油缸支铰轴、U形架摆动应灵活自如。

5.4.5.3 液压锁锭的安装

液压锁锭油缸以人字门安装实际高程调整油缸安装位置,用手动应急回路检查确认油缸的安装位置。

5.4.5.4 人字门启闭机集中润滑系统的安装

润滑系统安装的监控重点为润滑管道的现场弯制、焊接及安装,管道二次安装前完成酸洗工序,循环冲洗要求按安装说明书进行。

5.4.5.5 输水阀门及辅助泄水启闭机安装

启闭机设备所有埋件的安装按施工图样、制造厂安装使用说明书、《水电工程启闭机制造安装及验收规范》(NB/T 35051—2015)和合同文件中的有关规定执行。其中,机架定位板安装高程偏差不大于 5 mm,水平度偏差不大于 2 mm。机架与定位板之间的间隙,通隙小于 0.05 mm,局部间隙小于 0.1 mm,深度小于支撑面宽度的 1/3,累计长度小于周长的 20%。

5.4.5.6 吊杆、钢导槽、导向卡箍的安装

吊杆、钢导槽、导向卡箍的安装为监控重点,严格监控安装精度。其主要检测项目与质量标准为:

(1)各节吊杆中心线与实际起吊中心线偏差不大于 2 mm。

(2)各节吊杆同轴度误差不大于 2 mm。

(3)钢导槽的导向中心线与实际起吊中心线偏差不大于 2 mm。

(4)钢导槽的安装基准面(底面)对顺水流方向孔口对称中心线的垂直度误差不大于 2 mm。

(5)钢导槽的下端面安装高程偏差不大于 5 mm。

(6)卡箍的安装基准面(底面)对顺水流方向孔口对称中心线的垂直度误差不大于 3 mm。

(7)卡箍的导向中心线与实际起吊中心线偏差不大于 3 mm。

(8)卡箍安装高程偏差不大于 10 mm。

(9)钢导槽内的导向装置,其安装间隙按施工图和技术要求执行。

钢导槽、导向卡箍的地脚螺栓与一期插筋的连接焊接必须满足设计要求,加固可靠。

二期混凝土的浇筑应在钢导槽、导向卡箍安装测量达到安装精度要求后进行。浇筑过程中进行测量监视,不得因振捣造成安装位置的改变。环氧水泥砂浆在启闭机安装就位,且启、闭动作调整正常后进行浇筑。

5.5 质量检查与评价

5.5.1 埋件安装质量检查

5.5.1.1 检查设备

门槽埋件安装质量检查设备有测量精度不低于 1/10 000 的全站仪、DJ2 级以上精度的经纬仪、DS3 级以上精度的水准仪、精度不低于 1 级的钢卷尺、钢板尺、线锤。

5.5.1.2 检查方法

(1)由测量监理利用全站仪、经纬仪对门槽埋件安装的孔口中心线、门槽中心线的桩号及底坎面高程进行复核或平行检验。

(2)根据测量监理对孔口中心线、门槽中心线、高程验收合格后的成果,安装监理利用钢卷尺、钢板尺、线锤等工具对底坎、门楣、主轨、反轨、侧轨等进行方位偏差的检测。

(3)由安装监理利用水准仪对底坎面平面度、工作表面高差进行检测,利用钢卷尺测量门楣水封面中心对底坎面的距离进行检测。

(4)利用线锤、拉线、钢板尺等工具对工作表面扭曲值、工作表面错位等进行检测。

(5)检测的程序分为安装验收检测及浇筑二期混凝土后检测。

5.5.2 闸门及拦污栅安装质量检查

5.5.2.1 检查设备

测量精度不低于 1/10 000 的全站仪、DJ2 级以上精度的经纬仪、DS3 级以上精度的水准仪、精度不低于 1 级的钢卷尺、钢板尺、线锤、超声波及磁粉探伤设备。

5.5.2.2 检测方法

(1)利用钢卷尺测量闸门及拦污栅的外形尺寸。

(2)用绷线及钢板尺的方式测量闸门及拦污栅的平面度。

(3)用线锤、钢板尺测量闸门及拦污栅的垂直度。

(4)根据焊缝的类型确定采用探伤的方式(磁粉或超声波)。

(5)对闸门水封进行透光检查。

5.5.3 闸门试验

(1)闸门安装后,应在无水情况下做全行程启闭试验。试验前应检查充水阀在行程范围内的升降是否自如,在最低位置时止水是否严密,同时还须去除门叶上和门槽内所有杂物并检查吊杆的连接情况。启闭时,应在止水橡皮处浇水润滑,有条件时工作闸门应做动水启闭试验。

（2）闸门启闭工程中,应检查转动部位运行情况,闸门升降或旋转过程有无卡阻,止水橡皮有无损伤。

（3）闸门全部处于工作部位后,应用灯光或其他方法检查止水橡皮的压缩程度,不应有透亮或间隙。

（4）闸门在承受设计水头的压力时,通过任意 1 m 长止水橡皮范围内漏水量不应超过 0.1 L/s。

（5）满足业主及设计方提出的其他合理要求。

5.5.4 质量评价

5.5.4.1 焊缝分类

一类焊缝:闸门主梁、边梁、臂柱的腹板及翼缘板的对接焊缝。

二类焊缝:面板对接焊缝;闸门主梁、边梁的翼缘板与腹板的组合焊缝或角焊缝;主梁、边梁与门叶面板相连接的组合焊缝或角焊缝。

三类焊缝:不属于一、二类焊缝的其余现场焊缝。

5.5.4.2 无损探伤评定标准

磁粉检测:按《承压设备无损检测 第 4 部分:磁粉检测》(NB/T 47013.4—2015)规定进行,一类、二类焊缝不低于 2 级为合格。

超声波检测:按《焊缝无损检测 超声检测 技术:检测等级和评定》(GB/T 11345—2013)规定进行,检验等级为 B 级,一类焊缝Ⅰ级为合格,二类焊缝不低于Ⅱ级为合格。

5.5.4.3 检查验收情况

在已验收的船闸工程中,检查了拦污栅安装(16 孔)、上下闸首事故门埋件及门体安装、上下闸首人字门埋件及门体安装、人字门液压启闭机安装(4 套)、冲泄水反向阀门(4 套)。输水系统充泄水阀门液压启闭机(4 套)。其中,除了上闸首事故门槽埋件安装中底槛对门槽中心线和对口中心线的实测偏差略超过允许偏差,其余验收检测共 4 782 处,均在允许误差内,符合要求。

6　砂石料系统工程

6.1　概　况

砂石料系统工程主要是供应大藤峡水利枢纽工程主体及导流工程的混凝土所需的骨料及反滤料、垫层料、戗堤围堰混凝土防渗墙填筑料等加工料。砂石料源为天然砂砾料,选择江口料场的天然砂砾料为大藤峡水利枢纽工程砂石加工料源,砂石加工系统设在黔江主坝左岸下游约 0.8 km 台地处。

江口料场位于长洲电站水库库尾,江口砂砾石料场位于坝址下游江口镇浔江干流的砂洲上(为长洲电站库区),距坝址约 40 km(水路),产地储量 1 761.51 万 m³,可开采量 1 016.74 万 m³。

砂石加工系统主要负责生产大藤峡水利枢纽工程主体及导流工程约 714.55 万 m³ 混凝土的砂石骨料,以及主体工程土石坝和导流围堰的反滤料、垫层料、戗堤砂砾石等用料。其中:主体工程混凝土量约 662.24 万 m³(喷混凝土 3.01 万 m³、碾压混凝土 7.29 万 m³,其余为常态混凝土);导流工程混凝土量约 52.31 万 m³(喷混凝土 0.45 万 m³、碾压混凝土 40.11 万 m³,其余为常态混凝土)。其他砂石用量:反滤料用量 85.02 万 m³;垫层料等用量 20.88 万 m³;戗堤砂砾石等用量 24.76 万 m³。总计需要成品骨料约 1 835.29 万 t(粗骨料 1 227.08 万 t,细骨料 608.21 万 t)。

根据大藤峡水利枢纽工程施工总进度安排,工程混凝土高峰时段(第 3 年全年)平均浇筑强度 18.58 万 m³/月,反滤、垫层料及砂料第 3 年平均填筑强度 4.04 万 m³/月。考虑混凝土浇筑强度全年均处于高峰时段,取不均匀系数 1.2,计算砂石加工系统江口天然料毛料月处理能力为 64.57 万 t/月;按每日工作 2 班 14 h 计算,加工厂设计处理能力 1 840 t/h,成品骨料生产能力 1 628 t/h。

根据大藤峡水利枢纽工程砂石料种类要求,砂石加工系统按生产常态混凝土骨料为主进行工艺设计,同时也能生产碾压混凝土骨料和砂石填筑级配料。

6.2　砂石料系统工程特点

6.2.1　施工内容

大藤峡水利枢纽工程的砂石加工系统主要负责生产工程主体及导流工程约 714.55 万 m³ 混凝土的砂石骨料,以及主体工程土石坝和导流围堰的反滤料、垫层料、戗堤砂砾石等用料。其中:主体工程混凝土量约 662.24 万 m³(喷混凝土 3.01 万 m³、碾压混凝土 7.29 万 m³,其余为常态混凝土);导流工程混凝土量约 52.31 万 m³(喷混凝土 0.45 万

m³、碾压混凝土 40.11 万 m³,其余为常态混凝土)。其他砂石用量:反滤料用量 85.02 万 m³;垫层料等用量 20.88 万 m³;戗堤砂砾石等用量 24.76 万 m³。总计需要砂石料约 1 835.29 万 t(粗骨料 1 227.08 万 t,细骨料 608.21 万 t)。

砂石料系统由两个施工区组成:江口天然砂砾石料场施工区和砂石加工系统施工区。砂石料系统工程主要内容有:砂石料毛料开采、储存、运输;砂石料系统建设;砂石料加工、生产、储存、供应等;相关的码头、堆料场、运输道路、临时工程及配套设施,以及相关的水土保持、环境保护等内容。砂石料系统工程主要供应大藤峡水利枢纽工程主体及导流工程的混凝土所需的骨料及反滤料、垫层料等加工料。砂石料源主要为天然砂砾料,选择江口料场的天然砂砾料作为本工程砂石料主料源,砂石加工系统设在黔江主坝左岸下游约 0.8 km 台地处。施工区又包含系统建安和生产两个部分。

6.2.1.1　江口天然砂砾石料场施工区

江口天然砂砾石料场施工区主要工程项目包括天然砂砾石料水下开采、开采毛料水路运输、江口临时码头、江口码头对外公路(1.2 km)、给排水设施、供配电设施、辅助生产、办公、生活设施及环境保护和水土保持措施等的勘测、设计、建安、生产运行维护和管理及后期拆除。江口临时码头初拟布置在江口镇旧圩村附近,主要停靠采砂船,船舶停靠方式为顺岸停靠。

6.2.1.2　砂石加工系统施工区

砂石加工系统施工区位于坝址下游左岸,砂石加工系统施工区主要工程项目包括左岸坝下毛料临时码头、砂石加工系统、给排水设施、供配电设施、辅助生产、办公、生活设施及环境保护和水土保持措施等的勘测、设计、建安、生产运行维护和管理及后期拆除。砂石加工系统位于左岸坝下 800 m 处一级阶地上,采用皮带运输将毛料由毛料堆场运至砂石加工系统,砂石料生产系统全貌如图 6-1 所示。

图 6-1　砂石料生产系统全貌

砂石加工系统主要负责生产大藤峡水利枢纽工程主体及导流工程约 714.55 万 m³ 混凝土的砂石骨料,以及主体工程土石坝和导流围堰的反滤料、垫层料、戗堤砂砾石等用料。

根据大藤峡工程砂石料种类要求,砂石加工系统按生产常态混凝土骨料为主进行工艺设计,同时也能生产碾压混凝土骨料和砂石填筑级配料。

根据大藤峡水利枢纽工程施工调整后的总进度安排,工程混凝土高峰时段的平均浇筑强度为 25 万 m^3/月(原高峰时段 18.58 万 m^3/月),反滤、垫层料及砂料第 3 年平均填筑强度为 4.04 万 m^3/月,原砂石系统生产能力无法满足需要。为保证工程建设总体进度目标,需要对大藤峡砂石系统工程进行增容改造(包含因天然料级配不均衡增加破碎料进行补充的改造)。

原砂石系统规模如下:系统处理能力达到 55.20 万 t/月,加工系统毛料处理能力为 1 840 t/h,成品骨料生产能力为 1 628 t/h。

增容改造后的规模如下:增容改造后的系统生产能力需满足每月 25 万 m^3 混凝土浇筑的供料需求。经计算,系统处理能力要达到 89.85 万 t/月,毛料处理能力需达到 2 567 t/h,成品骨料生产能力需达到 2 187.4 t/h。

6.2.2　地质特点

6.2.2.1　砂石加工系统施工区

砂石加工系统施工区地处大藤峡峡谷出口下游约 4.5 km 的黔江左岸。地貌单元为一级阶地,地形起伏较小,地面高程 39~46 m。该处黔江流向东南,河床偏右岸,河谷总宽度约 600 m。地层岩层覆盖层由第四系上更新统的冲洪积物和残积物组成;基岩为泥盆系下统郁江阶灰岩和白云岩。该区水文地质条件按埋藏条件可分为上层滞水和孔隙潜水两类,两者均接受大气降水补给,向黔江排泄。上层滞水赋存于耕植土和黏土层上部裂隙中,无统一地下水位,水量贫乏。黏土层属于微透水性层。

6.2.2.2　江口天然砂砾石料场施工区

江口天然砂砾石料场位于坝址下游江口镇浔江干流的砂洲上(为长洲电站库区),料场共分 3 个区,距坝址陆路 31 km,水路 40 km(以料场Ⅰ区计算)。

江口天然砂砾石料场共分 3 个区,即Ⅰ区、Ⅱ区、Ⅳ区的料源。料场勘探范围Ⅰ区长 3 100 m,宽 180~700 m,面积约 1.35 km²;Ⅱ区(与Ⅰ区相邻)长 1 700 m,宽 100~380 m,面积约 0.30 km²;Ⅳ区(位于Ⅰ区上游约 3 500 m)长 1 530 m,宽 190~270 m,面积约 0.37 km²。

料场地形起伏较大,地面高程一般为 7~20 m。料场Ⅰ区无剥离层,局部分布无用夹层透镜体(淤泥质壤土,厚度一般 2~3 m),有用层平均厚度 9 m 左右,南部多超过 10 m,最大厚度达 16 m 以上,中部-北部一般为 3~8 m,局部基岩裸露;Ⅱ区无无用层,有用层平均厚度 10 m 左右,中部最大厚度达 15 m 以上,西部和东部一般 4 m 左右;Ⅳ区局部分布剥离层(淤泥质细砂,厚度一般 1~2 m),有用层平均厚度 14 m 左右,最大厚度达 15 m 以上。

6.2.3　砂石特点

大藤峡水利枢纽工程所开采制造的砂石料为红砂岩,红砂岩一般呈粒状碎屑结构和泥状胶结结构两种典型结构形式,因胶结物质和风化程度的差异,其强度变化大。多数红砂岩在挖掘或爆破出来后,受大气环境的作用可崩解破碎,甚至泥化,故其岩块的大小及颗粒级配将随干湿循环的时间过程而变化,其物理力学性质也将产生变化,因生长出来为红色,所以称为红砂岩。一般的红砂岩还具有以下特性:

(1)结构。红砂岩通常具有粗粒或中粒的颗粒结构,并且颗粒之间的胶结物质较少。它可以呈现出层状或块状结构,取决于沉积环境和岩石类型。

(2)耐候性。红砂岩在大气侵蚀和风化方面表现出较好的耐候性。然而,随着时间的推移,它可能会经历一定程度的退化和腐蚀。

(3)孔隙度。红砂岩的孔隙度通常较高,其中包括颗粒之间的孔隙、裂缝和溶蚀孔等。这些孔隙可以容纳水分和天然气,在地下水系统中具有重要作用。

(4)可加工性。由于其相对柔软和易剥离的特性,红砂岩在建筑和雕刻领域中具有一定的可加工性。它可以被锯、切割、雕刻和打磨成各种形状和尺寸。

总体而言,红砂岩以其红色、粒状结构和较高的耐候性而闻名,常用于建筑、雕刻、装饰等领域。然而,红砂岩的具体特性也会因地理区域和具体产地的不同而有所差异,而大藤峡水利枢纽工程所使用的红砂岩比一般岩石的组成颗粒偏小,近似泥土,并且性质硬脆,对于整个工程施工有着巨大的挑战,具体主要有以下两个问题:

(1)由于使用的红砂岩细颗粒多,在洗砂阶段,将有30%左右的石粉会被丢弃,产生了太多的原料浪费,增加施工单位原材料的消耗,提高了项目施工费用,对整个预算和资金管理造成不利影响。

(2)一般工程的砂石料控制指标规范是含水量小于16%、石粉含量小于18%,考虑到大藤峡水利枢纽工程砂石料会经过皮带机运输打进混凝土拌和系统,产生二次跌落,故实际控制石粉含量不能大于15%,以满足工程混凝土用砂要求。因此,造成大藤峡水利枢纽工程砂石系统的三级沉淀池一直扩容,这增加了整个项目的环境和水资源保护压力。

6.2.4　工艺特点

砂石料系统综合考虑了整个大藤峡水利枢纽工程混凝土施工所需人工砂石料的各种要求,既要满足高峰生产强度的需要,又考虑了低峰时段生产运行的经济性,并且重点对系统长期运行的可靠性及经济性在工艺设计和设备选用配置上给予了充分的考虑。砂石加工系统工艺具有如下特点:

(1)砂石加工系统关键设备采用技术领先、质量可靠、单机生产能力大的进口设备,提高了系统长期运行的可靠性。

(2)第一筛分车间设为两层筛分楼结构,有利于整个系统的合理布置,并可大量减少胶带机的数量,便于管理。

(3)砂石生产采用了较为先进的工艺流程,粗骨料由一筛生产,降低了生产负荷。

(4)采用B9100立轴破碎机与棒磨机联合制砂工艺,成品砂质量稳定,级配均匀,砂的细度模数较易控制。

(5)中细碎设备采用CS660和CH660圆锥破碎机,该设备进料粒径大,能减少料源弃料。

(6)借鉴了二滩、毛滩等工程先进的成品砂脱水处理工艺,采用机械脱水取代传统的自然脱水方法,占地小,脱水速度快,确保了成品砂含水量的稳定。

(7)筛分设备选用国内大型厂家生产的、质量相对较好且使用经验成熟的设备,第三筛分车间使用高频筛筛分,能有效地确保筛分分级效率,提高砂石成品质量。

(8)成品仓按砂石料品种分仓堆存,其中常态混凝土砂仓和碾压混凝土砂仓、天然砂砂仓分开设置,有利于稳定砂的石粉含量。成品特大石仓、大石仓设缓降器,防止骨料的再次破碎,保证产品质量。成品砂仓设防雨棚,防止降雨对成品砂含水量的影响。

6.2.5　监理要点

6.2.5.1　检查要点

1. 系统建安过程中

(1)检查并记录施工管理人员、作业人员、设备的到位情况和数量。检查施工工程进度是否满足进度节点要求。

(2)检查承包人是否按经批准的施工方案进行施工。

(3)检查开采、运输、生产设备的型号和生产能力是否满足设计和合同要求。

(4)检查开采、运输、系统生产的质量、安全、环保情况。

2. 系统生产运行期

(1)检查开采、运输、系统生产的维护、运行情况。

(2)检查检测成品砂石料的质量。

6.2.5.2　监理控制和检测要点

1. 监理控制要点

(1)系统建安过程中,监理人员对砂石加工系统调试、生产性试验、试运行实行旁站。对生产系统生产能力、质量检测复核评价过程实行旁站。

(2)系统生产运行期,监理人员对承包人砂石料检测过程实行旁站。

2. 监理检测要点

1)系统建安跟踪检测和平行检测

根据《水利工程施工监理规范》(SL 288—2014)的规定:跟踪检测应监督承包人取样、送样及试样的标记和记录,原材料跟踪检测频率不低于施工单位自检频率的7%,混凝土试样跟踪检测应不少于承包人检测数量的7%。平行检测试样根据合同规定,在业主指定实验室检测,原材料平行检测不低于施工单位自检频率的3%,混凝土试样不少于承包人检测数量的3%,重要部位每种标号的混凝土至少抽样1组。对施工过程中使用的水泥、钢材、砂砾、碎石等主要原材料及各种混合料进行抽检,抽检频率不低于施工单位自检频率的5%,其余材料应不低于3%。

2)系统生产运行跟踪检测和平行检测

根据《水利工程施工监理规范》(SL 288—2014)的规定:跟踪检测应监督承包人取样、送样及试样的标记和记录,砂石骨料跟踪检测应不少于承包人检测数量的7%。平行检测试样根据合同规定,在业主指定实验室检测,成品砂石骨料平行检测不少于承包人检测数量的3%。

6.3 砂石料的加工生产

6.3.1 规模

砂石料加工生产系统包括了砂石料厂开采运输、砂石加工生产、运输和堆存到成品砂石供应的整个过程。整个系统满足的生产任务如下：

(1)砂石加工系统设计规模满足混凝土高峰时段平均浇筑强度 18.58 万 m^3/月，反滤、垫层料及砂料高峰时段的平均填筑强度 4.04 万 m^3/月的生产要求。

(2)废水处理厂等附属工程设计规模满足砂石生产的要求。

(3)砂石加工系统设计的产品为混凝土骨料(80~150 mm、40~80 mm、20~40 mm、5~20 mm 四级粗骨料和小于 5 mm 细骨料)、戗堤料。

(4)砂石加工系统按生产四级配混凝土骨料设计，但也能按要求生产三级配、二级配混凝土骨料。

(5)系统的工艺流程成熟、适用、可靠，成品骨料质量满足合同文件要求。

(6)湿法制砂工艺考虑细砂和石粉回收，并设置脱水设备。

(7)兼备考虑砂石系统生产 80~150 mm、40~80 mm、20~40 mm、5~20 mm 的人工破碎骨料，作为天然料的备用骨料。

大藤峡水利枢纽工程中砂石料加工生产系统的原则以合同文件为基础，在满足使用功能的同时尽可能经济，同时还要求：

(1)在充分考虑料源改变的情况下，砂石加工系统设备改造的兼容性、便利性、经济性。

(2)满足工程施工进度要求，结构质量可靠，最大限度保护环境。

(3)在保证砂石生产质量和数量的前提下，选择砂石单价相对较低、总投资相对较小的设计方案。

(4)为适应各个料场特点，均采用相适应的开采和运输方案。

(5)为保证砂石系统长期运行的可靠性，砂石加工系统关键设备采用技术领先、质量可靠、单机生产能力大的先进设备。

(6)充分利用地形地貌特点，使总体布置紧凑、合理，降低工程造价。

6.3.2 工艺研究

6.3.2.1 原料处理、加工工艺

大藤峡水利枢纽工程砂石加工料源为江口料场的天然砂砾料，施工过程中若需要启用备用料场，砂石加工系统应满足人工骨料生产要求，因此需在原料的选配上合理搭配，尽量使进料级配平衡。

6.3.2.2 制砂工艺

人工砂生产是砂石骨料生产中技术含量最高、难度最大的环节。利用天然料生产人工砂，根据人工砂的质量要求，在选择制砂设备时，应考虑料源的破碎特点，制砂工艺要能

及时调整砂的细度模数和石粉含量,保证生产出来的砂能达到质量要求。

目前,常用的制砂工艺设备主要有棒磨机和破碎机两种。棒磨机是传统的制砂设备,国内应用较多;破碎机制砂目前在国际上发展较快,应用亦越来越多。用于制砂的破碎机种类较多,主要有反击式破碎机、圆锥式破碎机和立轴式冲击破碎机等,其中用于大型人工砂石加工系统且取得成功经验的主要有立轴式冲击破碎机和圆锥式破碎机。

针对上述制砂工艺的特点,并结合以前的制砂经验,大藤峡水利枢纽工程采用 B9100 立轴式冲击破碎机与常规的棒磨机(MBZ2136)联合制砂工艺,以达到综合两种工艺优点的目的,取长补短,提高工效,降低钢耗能耗,确保成品砂的产量和质量,满足合同要求。在设备数量配置上,施工监理部充分考虑了制砂工艺的合理性,又考虑了设备投入的经济性。采用 5 台立轴式冲击破碎机与 6 台棒磨机联合制砂。立轴式冲击破碎机制砂原料为第一筛分车间进仓平衡后多余的中石、小石及中细碎破碎后的中石、小石。棒磨机进料为经立轴式冲击破碎机破碎后满足进仓后 3~5 mm 的物料及部分 5~20 mm 的物料。

6.3.2.3　成品砂脱水工艺

砂石料加工生产系统成品砂脱水采用直线振动筛分散脱水工艺,成品砂仓设置天然砂砂仓和人工砂砂仓,人工砂砂仓分为常态砂仓和碾压砂仓。常态砂仓和碾压砂仓分别设置 3 个小仓,一进、一出、一脱水,保证干湿料分仓堆存。该工艺在三峡下岸溪砂石系统等多个工程应用十分成功,成品砂的含水量可完全控制在 6%以下。

具体的制砂工艺内容如下。

1. 破碎

由于砂砾石料的硬度较大,因此需采用技术先进、性能稳定的破碎设备,本系统采用 CS660 和 CH66 圆锥式破碎机用作中细碎破碎车间的破碎设备。

细碎车间主要承担部分粒径 40~80 mm 及进仓后 5~40 mm 的破碎任务,其目的是处理部分粒径 40~80 mm 及进仓后 5~40 mm 的物料。中碎车间主要承担了粒径大于 80 mm 及部分 40~80 mm 的破碎任务,其目的是处理进仓后大于粒径 80 mm 及部分 40~80 mm 的物料。

2. 筛分冲洗

砂石加工系统共设第一筛分车间、第二筛分车间、第三筛分车间,全部为湿式筛分。为合理地布置砂石系统,将第一筛分车间设为双层筛分楼,共 4 组,上层为 3YKR2460 圆振动筛,下层设置 3YKR2460 圆振动筛,按级配要求满足进仓后,将筛分后粒径大于 80 mm 的物料送入中碎车间破碎,粒径 40~80 mm 的部分送入中碎车间破碎,部分送入细碎车间破碎,粒径 5~40 mm 的送入超细碎车间制砂。粒径小于 5 mm 的砂子进入螺旋分级机洗泥后通过胶带机送入天然料成品砂仓。第二筛分车间布置 4 台 3YKR2460 圆振动筛,主要是将中细碎破碎后的物料进行分级,人工砂进仓后,粒径 5~40 mm 物料进入超细碎车间制砂。第三筛分车间布置 5 台 2618VM 高频筛,主要是对超细碎车间破碎后的物料进行分级进仓及进入棒磨机制砂。

3. 制砂

砂石系统制砂采用 B9100 立轴式冲击破碎机和常规的棒磨机(MBZ2136)联合制砂。立轴式冲击破碎机料源为一筛和二筛后粒径 5~40 mm 的物料。棒磨机料源为立轴式冲击破碎机破碎后粒径 3~20 mm 的物料。立轴式冲击破碎机破碎后进行筛分,筛网设置为 5 mm×5 mm、3 mm×3 mm,通过分级达到控制成品砂细度模数。

6.3.3 流程

根据工艺要求,砂石加工系统共由左岸坝下毛料临时码头、左岸坝下毛料堆存场、第一筛分车间、中碎车间、细碎车间、第二筛分车间、立轴制砂车间、棒磨制砂车间等组成。具体流程过程如下:

砂石料料源为江口天然砂砾石料场。江口天然料经胶带输送机 Z1~Z7 输送至左岸坝下毛料堆存场。左岸坝下毛料堆存场的毛料经过 S1~S6 胶带机输送至加工系统内的加工厂毛料仓,加工厂毛料仓容积设计为 10 万 m³,加工厂毛料仓布置 2 条地弄,毛料经 B1、B2 胶带机输送至第一筛分车间。

第一筛分车间布置在半成品料仓出口,为筛分楼结构,共 2 层,每层并排设置 4 台 3YKR2460 圆振动筛,下层振动筛筛网去掉第一层,振动筛筛孔尺寸分别为 150 mm×150 mm、80 mm×80 mm、40 mm×40 mm、20 mm×20 mm、5 mm×5 mm,毛料经筛分分级后,粒径 80~150 mm 骨料依次经 B4B6 进入成品骨料仓,粒径 40~80 mm 骨料依次经 B5、B11 胶带机进入成品骨料仓,粒径 20~40 mm 骨料依次经 B7、B13 胶带机进入成品骨料仓,粒径 5~20 mm 骨料依次经 B8 、B14 胶带机进入成品骨料仓,粒径小于 5 mm 细骨料依次经 B9、B12、B15 胶带机进入天然砂成品仓。粒径大于 80 mm 的块石及部分 40~80 mm 满足入仓需要后依次经 B3、B16、B17 胶带机进入中碎车间破碎,5~80 mm 的块石满足入仓需要后经 B10、B28 胶带机送往细碎车间破碎。

中碎车间布置 1 台 CS660 圆锥式破碎机,细碎车间布置 1 台 CH660 圆锥式破碎机,破碎后的物料依次经 B18、B19、B20 胶带机进入二筛料仓堆存。二筛料仓布置 2 条地弄,物料经 B21、B22 胶带机输送至第二筛分车间。

第二筛分车间布置 4 台 3YKR2460 圆振动筛,筛孔尺寸分别为 40 mm×40 mm、20 mm×20 mm、5 mm×5 mm,筛分分级后,粒径大于 40 mm 块依次经 B23、B26、B28 胶带机进入细碎车间堆存。粒径 5~20 mm 块石依次经 B24、B27、B28 胶带机进入超细碎车间料仓堆存。粒径小于 5 mm 骨料经 B27 胶带机进入成品砂仓堆存。超细碎料仓布置 5 条地弄。

超细碎车间布置 5 台 B9100 立轴式冲击破碎机,第三筛分车间布置 5 台 2618VM 高频筛。立轴式冲击破碎机与第三筛分车间形成闭路,超细碎料仓物料分别经 B33~B37 胶带机进入超细碎车间破碎,破碎后分别经 B38~B42 胶带机进入第三筛分车间筛分。高频筛筛网尺寸分别为 5 mm×5 mm、3 mm×3 mm,筛分分级后,成品砂依次经 B27、B54、B56 胶带机或 B53 胶带机进入成品砂仓堆存。满足成品仓进仓外,粒径 3~5 mm 骨料与部分大于 5 mm 的骨料进入制砂原料仓堆存。剩余骨料依次经 B43、B31、B32 胶带机返回超细碎料仓。制砂原料仓布置 6 条地弄。

棒磨机车间并排布置 6 台 MBZ2136 棒磨机,制砂原料仓物料分别经 B47~B52 胶带机进入棒磨机制砂,破碎后的砂子经 XL-762 螺旋分级机分级、ZSJ1233 直线脱水筛脱水后,成品砂依次经 B27 B54、B56 胶带机或 B53 胶带机进入成品砂仓堆存。

成品砂仓分为碾压砂仓、常态砂仓、天然砂砂仓。碾压砂仓和常态砂仓分别布置 1 条地弄,分别通过C1、C2胶带机输送至拌和系统,由电子皮带秤计量。粗骨料仓分4个料仓堆存,分别堆存粒径80~150 mm、40~80 mm、20~40 mm、5~20 mm粗骨料,骨料仓布置2条地弄,粗骨料分别通过C3、C4胶带机输送至拌和系统,由电子皮带秤计量。

围堰戗堤砾石料取自二筛料仓(粒径<80 mm),使用装载机装料,通过设置于成品仓附近的汽车衡(SCS-80)进行计量,砂石料由需求方自行运输。

反滤料和垫层料取自成品料仓,由装载机装车,通过设置于成品仓附近的汽车衡(SCS-80)进行计量,砂石料由需求方自行运输。

6.4　砂石料系统工程监理

6.4.1　系统建安过程监理

新珠监理公司负责承监大藤峡水利枢纽工程砂石料系统及其附属工程。主要包括:砂石料毛料开采、储存、运输;砂石料系统建设;砂石料加工、生产、储存、供应等;码头、堆料场、运输道路、临时工程等配套设施,相关的水土保持、环境保护等内容。

6.4.1.1　监理工作内容

(1)施工过程中督促承包人按报经批准的设计图纸、施工措施方案和计划、合同规范要求作业,文明施工,加强质量和安全控制,并做好原始资料的记录、整理和工程总结工作,当发现作业效果不符合设计、合同及施工技术规范、规程要求时,应及时修订施工措施计划,报监理批准后实施。

(2)系统建设,承包人进场后应进行原始地形测量,场地平整,按照批准的设计图纸、施工组织设计及总进度计划进行各分系统建设;放样、基础开挖、混凝土浇筑、结构和设备安装,应严格控制各部位的位置;组织开采、运输系统设备进场到位。有必要调整时,承包人需向监理部提出申请,并说明调整的必要性。

(3)检查开采设备、运输设备、生产设备的数量、厂家型号、生产能力等设备配置是否符合设计及合同要求。

(4)土建、金属结构制作安装、设备安装工程过程监理和质量安全控制。

(5)对运输系统码头、上料皮带机、堆场生产能力和容量进行复核;对生产系统各单机系统工艺参数、生产能力进行检查、复核及调整监督。

(6)对生产系统单机系统及供水供电、计量、污水处理、实验室等运行管理子系统进行验收。

(7)生产系统联运试验及试运行,生产系统生产能力复核、产品质量检测及系统验收。

(8)进场的设备严格执行报验制度,经监理工程师现场验收合格后方可进行安装或更换,必须按照合同承诺选用砂石料系统的主要加工设备,更换主要加工设备厂家或规格型号必须报监理人和发包人同意。砂石料生产系统建安/增容改造完成后,按照合同要求进行工艺性试验,复核砂石骨料生产强度和生产质量,达到要求后方可进入运行生产阶段。

6.4.1.2 监理控制要点

（1）系统建安/增容改造工程的进度控制。砂石料系统是工程的基础性辅助生产系统，建安工程/增容改造工程进度必须根据大藤峡水利枢纽工程总体进度和合同总进度计划安排进行建设，满足工程的用料需要。

（2）系统建安/增容改造后的生产能力控制。砂石料系统的开采、运输、生产、储存能力，必须满足设计和合同对于成品砂石料供应的强度要求。

（3）系统建安/增容改造后的产品质量控制。砂石料生产系统生产的成品砂石料质量，必须符合合同及有关规程规范要求。

6.4.2 系统生产运行管理监理

6.4.2.1 监理工作内容

（1）开采过程中，监督承包人按报经批准的料场开采规划、开采方案、施工措施，分块开采；水流流速较大时，检查督促承包人采取有效措施，避免细骨料流失。

（2）江口天然砂砾石料水下开采前，督促承包人办理相关生产许可。开采、运输过程中，检查承包人落实水上作业安全保障措施情况。

（3）对江口天然砂砾石料水下开采区块进行开采验收。

（4）对砂石料加工生产、成品料供应进行检查、检测、监控、计量，要求承包人加强砂石料生产的产品检测，及时调整生产工艺，使产品质量符合合同及规范要求。

（5）检查承包人系统生产运行、维护情况，文明施工，安全生产。

（6）进行监理的产品平行检测与质量控制。

6.4.2.2 监理控制要点

1. 系统生产运行的生产能力控制

砂石料系统的开采、运输、生产、储存能力，必须满足施工对于成品砂石料供应的需求。生产运行阶段按照砂石系统加工设备的检修维护计划或方案进行检修维护，禁止设备带病运行并对出现故障的设备及时进行检修，保证设备完好率，满足生产强度要求。根据需料单位的需料计划，合理安排各个车间生产运行时间，尽量达到平衡生产，成品料仓储备饱和。

2. 系统生产运行的检测与质量控制

砂石料生产系统生产的成品砂石料，必须按规范要求的数量和质量，进行生产过程的产品检测，使生产的成品砂石料符合合同及有关规程规范要求。

7　混凝土工程

7.1　概　况

左岸混凝土工程范围包括船闸主体部位、上下引航道、事故门库坝段、南木江副坝及黔江副坝等部位。混凝土总工程量为 248.68 万 m^3,钢筋制安总工程量为 35 113 t。其中:船闸主体混凝土工程量为 231.88 万 m^3,钢筋制安为 29 982 t;黔江副坝混凝土工程量为 3.97 万 m^3,钢筋制安为 768 t;南木江副坝混凝土工程量为 1.28 万 m^3,钢筋制安为 428 t;南木江鱼道混凝土工程量为 5.04 万 m^3,钢筋制安为 2 046 t。

船闸主体混凝土工程主要施工内容包括上下闸首和闸室混凝土、钢筋制安、管道预埋、止水施工、接地网施工等;上下游引航道混凝土主要施工内容包括引航道护坡(含排水沟及踏步)、底板、泄水箱涵、上下游导航墙及靠船墩、透水墩,以及桩基混凝土、钢筋制安、止水施工、接地网施工等。

黔江副坝混凝土工程主要施工内容包括防渗墙混凝土、压浆板混凝土、防浪墙混凝土、插入坝段混凝土、迎水面护坡混凝土、坝顶路面混凝土、排水沟及踏步混凝土、钢筋制安、管道预埋、止水施工、接地网施工等。

南木江副坝混凝土工程主要施工内容包括防浪墙混凝土、坝顶路面混凝土、压浆板混凝土、重力坝坝体混凝土、迎水面护坡混凝土和钢筋制安、管道预埋、止水施工、接地网施工等,生态流量及灌溉取水口混凝土、闸门槽二期混凝土和坝顶交通桥混凝土和过鱼坝段混凝土、鱼道混凝土和回填混凝土等。

右岸混凝土工程主要包括右岸施工准备工程、右岸挡水坝段、右岸厂房、右岸泄水闸、右岸鱼道工程及其附属工程等。主要工程混凝土计划总量为 200.94 万 m^3,其中右岸厂房坝段及厂房混凝土计划总量为 134.42 万 m^3,右岸挡水坝段混凝土计划总量为 5.13 万 m^3,右岸泄水闸坝段混凝土计划总量为 40.91 万 m^3,黔江主坝鱼道工程及其附属工程混凝土计划总量为 20.48 万 m^3。

7.2　混凝土施工特点

(1)混凝土施工工期紧、干扰多、难度大。

这些线路通常要求混凝土施工具有高强度,尤其是在基础强约束区域。此外,施工过程中还存在钢筋安装、廊道搭设、监测工作、预埋件安装、灌浆、温控及混凝土分区等多个平行或交叉的工序或结构限制。工期紧迫、强度要求高,以及存在多种干扰因素,这些因素使得混凝土施工变得更加复杂和具有挑战性。

（2）混凝土温控难度大。

黔江流域地处我国低纬度地带,属亚热带季风气候区,夏季高温湿热,暴雨频繁。坝址附近多年平均气温 21.5 ℃,极端最高气温 39.2 ℃,且夏季高温持续时间长。混凝土施工高峰贯穿全年,在高温季节,温控混凝土在运输、下料、平仓等过程中,温度回升较快,倒灌现象突出。同时,设计针对混凝土温控提出了严格的标准,其中船闸工程混凝土温度控制标准:强约束区基础温差为 15~19 ℃,弱约束区基础温差为 17.0~22.0 ℃,上下层温差为 15 ℃,内外温差为 15 ℃;副坝工程温度控制标准:基础温差与浇筑块长边尺寸相关,强约束区基础温差为 14~26 ℃,弱约束区基础温差为 17~28 ℃,上下层温差为 18 ℃。

（3）浇筑强度高。

右岸厂房坝段布置在右岸主河床中,位于泄水闸坝段与右岸挡水坝段之间。坝段总长度 280.10 m,其中主机间坝段长 207.10 m,安装间坝段长 73.00 m。泄水闸右区消力池水流方向总长 195.00 m,其中一级消力池长 115.00 m。浇筑仓面面积大,单仓混凝土量大,入仓强度高,浇筑手段合理布置是控制难点。

（4）防裂控制难。

厂房混凝土结构中存在很多孔洞,而且混凝土分区的变化也比较多。这就对混凝土的要求提出了较高的标准。例如,泄水闸的闸墩通常具有较大的细长比,同时需要具备较高的混凝土强度。在这样的情况下,防止混凝土出现裂缝就成为了质量控制中的重点。

（5）雨季施工质量控制难度大。

枢纽地区的气候特点是春季阴雨连绵,雨日较多;夏季高温湿热,暴雨频繁。由于季风进退的影响,雨量年内分配不均,多集中于 4~8 月,约占总量的 70%,年降水日数一般为 160~180 d,雨季持续时间长,降雨量大,暴雨频繁。雨季施工对混凝土浇筑质量影响大,控制难度大。

（6）混凝土工程闸墩、闸室、闸墙过流面和孔洞多,对混凝土浇筑、模板工艺和支撑体系要求较高。

（7）坝址区工程地质为喀斯特地貌,岩溶发育,岩石裂隙、溶沟溶槽发育,基岩面渗水、涌水严重,填塘混凝土施工排水任务重。

7.3　现场监理工作内容和控制要点

7.3.1　现场监理工作内容

（1）监理工程师督促承包人严格遵守合同技术条件、施工技术规程规范和工程质量标准,按报经批准施工方案确定的施工工艺、措施和施工程序,按章作业,文明施工。

（2）在工程项目施工过程中,测量监理工程师按负责施工控制点测量、施工放样测量、建筑物型体测量和合同计量支付测量等监理工作。重点做好事前控制和平行测量控制。

（3）监理工程师以审批的质量控制文件为依据，严格按程序和规定，采取巡视、停工待检和旁站等方法对施工过程质量实施全面、全过程、标准化、程序化和量化管理。对施工过程中的问题按要求进行快速处理，以满足工程施工的连续性和及时性要求，并认真做好监理记录。混凝土工程施工监理控制方法见表7-1。

表 7-1　混凝土工程施工监理控制方法

单元工程	工序或重要环节		控制点		
			巡视	停工待检	旁站
混凝土工程	缝面(基础面)		★	★	
	模板		★	★	
	钢筋		★	★	
	预埋件		★	★	
	混凝土浇筑				★
	保温及养护		★		
	外观			★	
	质量检查	钻孔取芯		★	
		压水			★
		回弹		★	
		其他		★	★

（4）在监理过程中，监理工程师及时收集、整理和记录每日施工信息，遇特殊情况及时、准确逐级或越级汇报，必要时根据现场施工需要，组织专题会，商讨解决施工中存在的问题。

（5）在整个施工期间，监理工程师督促承包人按照合同文件规定，做好安全监测和施工原始记录及整理工作，并在次月的 5 d 前向监理部报送当月的施工资料。

（6）采取工程质量检查"快速反应机制"，对已完工程的重要质量指标进行检查，并及时采取纠偏和补救措施。对于检查出的一般性质量缺陷由现场监理工程师及时下达处理通知，要求承包人进行处理，并检验处理结果。对于重大质量隐患，可能造成质量事故或已经造成质量事故的，由总监理工程师下达工程暂停令，要求承包人停工整改和处理。整改完毕后由现场监理工程师复查，确认符合要求后，由总监理工程师签发复工指令。

7.3.2　现场监理控制要点

7.3.2.1　施工过程测量控制

泄水闸、厂房、挡水坝段、鱼道主要部位主体混凝土浇筑前，测量监理工程师旁站监督承包人对仓面、模板进行校核，并签字确认，确保结构位置、尺寸符合设计要求。

7.3.2.2　浇筑准备检查

混凝土单元工程浇筑前,土建专业监理工程师督促承包人对浇筑准备工作进行自检,并在"三检"合格的基础上进行浇筑准备工作的检查。浇筑准备工作包括混凝土单元工程备仓工序施工、混凝土浇筑仓面工艺设计编制、相关专业项目施工、混凝土浇筑仓面资源准备工作。

7.3.2.3　备仓工序质量检查

混凝土单元工程备仓工序主要包括基础面或混凝土施工缝处理、模板制安、钢筋制安和预埋件制安、温控措施等五大工序。

1. 基础面或混凝土施工缝处理工序

基础面或混凝土施工缝处理工序质量检验主要包括:检查基础面预留保护层开挖是否符合设计要求;地表水和地下水是否妥善引排或封堵;有无松动岩块。检查混凝土施工缝的预留位置是否符合设计要求;施工缝面是否达到无乳皮、成毛面、微露粗砂;缝面清理是否达到清洗洁净、无积水、无积渣杂物。

2. 模板制安工序

模板制安工序质量检验主要包括:检查结构物模板边线与设计边线符合性;模板的强度、刚度、稳固性;结构物模板水平截面内部尺寸;承重模板标高等。

3. 钢筋制安工序

钢筋制安工序质量检验主要包括:钢筋的材质、数量、规格尺寸、安装位置是否符合产品质量标准和设计要求;钢筋接头的机械性能是否符合施工规范及设计要求;焊接接头焊缝外观是否存在裂缝、脱焊点和漏焊点,以及明显的不符合规范要求的咬边、凹陷、气孔等;接头分布是否满足规范及设计要求等。

4. 预埋件制安工序

预埋件包括止水片(带)、伸缩缝材料、结构排水设施、冷却及接缝灌浆管路、铁件、内部观测仪器等。主要检查项目包括:止水的结构形式、位置、尺寸,材料的品种、规格、性能是否符合设计及质量标准要求;止水片(带)外观是否达到表面平整,无浮皮,无锈污,无油渍,无砂眼,无钉孔,无裂纹;止水片(带)插入深度是否符合设计要求等。

5. 温控措施工序

温控措施等施工工序主要是冷却水管及温控监测、安全监测设备的埋设。主要检查项目包括:温控措施或设备的型号、位置;尺寸、规格、形式、材料品种等是否符合设计及质量标准要求。

7.3.2.4　混凝土浇筑仓面工艺设计审查

混凝土浇筑仓面工艺设计主要审查混凝土标号及工程量是否符合设计要求;所选定的混凝土入仓机械、仓面设备及人员和浇筑方法、混凝土温控和防雨措施是否满足混凝土温控和浇筑工艺质量要求等内容。

7.3.2.5　相关专业项目施工质量检查

相关专业项目主要包括金结、机电、测量、安全监测仪埋设和施工期仪器埋设等项目。主要依据混凝土单元工程施工质量检验提示单(或会签单),检查相关专业项目施工质量检验是否已按要求完成。

7.3.2.6 浇筑报审

在所申报浇筑仓备仓工序和相关专业项目施工质量检验合格、混凝土浇筑仓面工艺设计审查完成,以及混凝土浇筑仓面资源准备就绪后,由监理工程师审批"混凝土浇筑报审表"和签发"混凝土单元工程浇筑要料单"。

7.3.2.7 混凝土浇筑质量控制

浇筑过程质量控制总体措施:监督承包人严格按设计浇筑仓面,严格控制混凝土的制拌、运输、入仓下料及砂浆铺筑、分层、台阶浇筑振捣工艺、振捣时间、插入深度和落实温控、保温、防雨措施,廊道两侧对称下料均匀上升。特别注意浇筑层面与廊道顶部、底部及侧壁相交处、边角及细部小结构等不易振实部位的质量控制。

(1)在浇筑作业过程中,监理人员对重点和关键部位、重要隐蔽工程浇筑工艺质量实行全过程旁站监理,督促承包人落实混凝土浇筑质量措施、对作业过程中的浇筑工艺检查和督促,并针对检查中发现的问题纠正与处理,对旁站过程及施工作业情况认真做好记录。

(2)浇筑质量措施检查内容包括:施工质检员资质及到位情况;浇筑作业人员、仓面指挥和仓内设备操作人员到位与资质情况;仓内辅助人员配置及到位情况;仓内必需的供料、平仓、振捣等机械的到位和完好情况;仓内辅助作业设备设施配置及完好情况等。

(3)永久外露面、过流面、孔洞区、钢筋密集区、预埋件等重点部位质量检查主要内容包括:浇筑中模板的变形、结合和移位情况;结构钢筋、模板拉筋、架力筋等变形和移位情况,以及钢筋密集区混凝土下料、骨料分离的处理和振捣作业情况;灌浆管道、排气槽、排水槽、排气管及冷却水管等的变形、移位和防止堵塞的保护以及管路上引标记等情况;止水片的变形、移位及止水(浆)片周围部位混凝土下料、平仓和振捣作业情况;金属结构埋件、机电埋件、安全监测埋件等的变形和移位情况;结构钢筋保护层的有效尺寸控制情况等。

(4)混凝土浇筑工艺检查。

普通混凝土浇筑主要检查内容包括:

①砂浆及富浆混凝土铺筑,以及不同浇筑区混凝土的来料标号、级配、和易性、出机口温度、入仓温度、浇筑温度和质量异常情况。

②布料机下料筒口或吊罐下料高度控制,以及布料机下料定位、移动、料堆高度及骨料分离控制情况。

③混凝土平仓与振捣作业,包括平仓方式、台阶宽度、分层厚度、振捣插入深度、振捣点分布、振捣时间及有无欠振、漏振和过振情况。

④外来水引排与仓内泌水排除情况,雨天仓面混凝土保护和积水排除情况。

⑤浇筑台阶宽度、浇筑坯厚、接头保温被覆盖、混凝土有无初凝、收仓面平整度及保护情况。

⑥仓内布设的监测仪器及其电缆的保护情况等。

碾压混凝土浇筑主要检查内容包括:

①砂浆铺筑,以及不同浇筑区碾压混凝土的来料标号、级配、VC值、出机口温度、入仓温度、浇筑温度和质量异常情况。

②入仓下料高度控制,以及下料料堆高度及骨料分离控制情况。

③混凝土铺料平仓、碾压作业,包括铺料厚度、碾压遍数、碾迹搭接长度、压实容重等控制情况。

④周边部位、钢筋密集部位、止水和埋件部位、浇筑层面、永久外露面,以及其他一些必须采用人工辅助振捣部位的下料、平仓和振捣质量控制情况。

⑤外来水引排与仓内泌水排除情况,雨天仓面混凝土保护和积水排除情况。

⑥保温被覆盖、混凝土有无初凝、收仓面平整度及保护情况。

⑦仓内布设的监测仪器及其电缆的保护情况等。

7.3.2.8 养护、保温、冷却通水检查

对混凝土养护、保温和冷却通水实施状况,现场监理工程师采取巡视检查的方式予以监督,及时导出智能温控系统采集的数据,进行分析、比较,并对发现的问题给予纠正与处理,认真做好记录。

7.3.2.9 混凝土表面质量检查

混凝土表面质量检查分初查和复查两种方式。初查安排在浇筑仓拆模后及时进行,对于孔口过流面、永久外露面等部位应按计划安排集中复查。主要检查项目包括表面平整度、蜂窝、麻面、气泡、裂缝、露筋和碰损掉角等内容。

7.3.2.10 质量事故处理

发生质量事故,承包人及时提出事故报告及处理方案,报监理人审批,监理人视情况或批准后交承包人处理或组织设计人等有关单位或专家共同拟定处理措施,指示承包人处理。

7.4 监理措施

7.4.1 施工质量专项监理措施

混凝土工程高质量浇筑对整个水利工程顺利完工都不可或缺,浇筑过程质量控制总体措施:监督承包人严格按设计浇筑仓面,严格控制混凝土的制拌、运输、入仓下料及砂浆铺筑、分层、台阶浇筑振捣工艺、振捣时间、插入深度和落实温控、保温、防雨措施,廊道两侧对称下料均匀上升。特别注意浇筑层面与廊道顶部、底部及侧壁相交处、边角及细部小结构等不易振实部位的质量控制。

大藤峡水利枢纽工程混凝土工程具体施工质量专项监理措施如下。

7.4.1.1 "施工质量检验提示单"制度

"施工质量检验提示单"制度是强化监理各专业施工质量检验协调,防止施工漏项的监理质量管理专项措施。检验提示单监理内部会签由土建工程部主持,会签单依据施工承包人混凝土施工月进度计划编制。土建工程部督促承包人严格按报经批准的施工计划组织施

工,若确需调整,及时督促承包人提前申报,并据此按规定办理监理内部会签手续。测量组、试验组和金结机电部及时完成本专业提示单的审核确认工作,并对确认结果负责。

7.4.1.2 "七不浇筑"制度

监理工程师审批"混凝土浇筑报审表"前对混凝土施工准备进行检查,做到"上序质量未经检验合格不浇筑""浇筑仓面工艺设计未经审定不浇筑""施工安全保证措施未落实不浇筑""浇筑质量保证措施未到位不浇筑""后续冷却通水未落实不浇筑""养护和混凝土表面保护无保证不浇筑"等"七不浇筑"。

7.4.1.3 联合检验制度

对于重要隐蔽工程项目或特殊混凝土单元工程的浇筑前准备工作,现场监理按监理部有关规定组织发包人、设计、监理、施工四方进行质量联合检查检验。

7.4.1.4 "两考核"制度

(1)仓面设计执行情况考核。混凝土单元工程仓面设计执行情况考核结果分"完全执行""基本执行""部分执行"三类,经检查评价为"部分执行"的单元工程,不能评优良工程。

(2)施工质检员考核。施工质检员考核结果分"优秀""称职""基本称职""不称职"四类。考核结果为"优秀"的,监理部给予表扬和提请承包人给予奖励。

7.4.1.5 "三大预警"机制

1. 混凝土层间间歇期与坯层覆盖时间预警

混凝土层间间歇期预警分三个层次,一是对间歇期已达 10 d 的仓位,值班监理向承包人提出口头预警;二是对间歇期已达 14 d 的仓位,监理部发出书面预警;三是对间歇期已达 20 d 的仓位,监理部发出书面预警。

浇筑坯层铺料间歇预警时间根据不同季节的混凝土初凝试验检测结果,由发包人研究确定。混凝土浇筑过程中,当混凝土浇筑坯层铺料间歇时间接近预警时间时,现场监理督促承包人查找问题原因,有针对性地采取加大入仓强度的措施。当混凝土浇筑坯层铺料间歇时间等于或略超过预警时间时,现场监理向监理当班责任人告警,并按监理当班责任人意见进行处理。当混凝土浇筑坯层铺料间歇时间超过预警时间较多,但未达到浇筑停仓标准时,现场监理向监理当班和总值班责任人告警,并按监理总值班责任人意见进行处理。

2. 混凝土温度控制预警

混凝土出机口温度控制预警:在混凝土生产过程中,当一、二次预冷砂石骨料温度或出机口温度超设计标准时,现场检测监理向承包人告警,并立即查找和分析原因,督促拌和楼运行单位有针对性地采取措施,确保砂石骨料温度和混凝土出机口温度满足控制标准要求。

混凝土入仓温度和浇筑温度预警:混凝土浇筑过程中,旁站监理按规定的频次检测混凝土的入仓温度和浇筑温度。当入仓温度出现异常时,及时向检测监理和总值班领导告警;当浇筑温度连续 0.5 h 接近设计标准时,旁站监理向当班责任人告警;当浇筑温度连续 1 h 超过设计要求 2 ℃时,监理当班责任人每 0.5 h 向总值班领导告警,由总值班领导视超温仓情况决定处理意见。

混凝土初期通水及最高温度预警:在混凝土初期通水过程中,土建工程部值班监理按要求抽测混凝土初期通水实施情况,当发现制冷水进水温度略高或进水流量偏小等异常情况时,督促承包人检查和分析原因,及时解决问题。土建工程部根据混凝土内部温度监测结果,及时掌握混凝土内部最高温度变化情况。当监测温度接近设计最高温度时,及时向有关方预警,同时督促承包人分析和查找问题原因,采取相应措施。

3. 不良气候预警

不良气候主要包括雨季、高温天气、气温骤变、雷电大风等。土建工程部相关责任人密切关注天气预报,当天气发生异常时,及时向现场预警,并督促承包人提前做好生产安排。

7.4.1.6 快速反应机制

混凝土施工过程中,按"及时检查,跟进处理,追究责任,防患未然"的原则,对混凝土仓面裂缝、混凝土外观缺陷、排水管(槽)畅通性、混凝土密实性等混凝土施工质量实行快速检查和处理,修正、补充和完善相应施工方案和质量保证措施,及时发现并切实消除施工中质量"顽症"和质量隐患。

7.4.1.7 钢筋密集区专项措施

(1)做好浇筑升层规划控制。严格控制水平钢筋网距分层面的高度。

(2)限制入仓手段和入仓强度。原则上应采用吊罐浇筑,若采用布料机或塔带机浇筑,应根据具体浇筑情况限制混凝土入仓强度。

(3)调整混凝土级配及坍落度。在征求发包人和设计单位许可的前提下,采用小级配混凝土和适当加大混凝土坍落度。

(4)卸料过程控制。在卸料过程中,严格控制卸料高度和料堆高度,并在水平钢筋网上预留卸料口或卸料条带区。

(5)浇筑过程敷设钢筋网。具备分片吊装的钢筋网,应尽量采取在浇筑过程中铺设的方式,并督促承包人严格控制混凝土坯层的覆盖时间。

(6)振捣及骨料分离处理。根据浇筑强度配置长柄振捣器,分离的骨料及时进行人工分散处理。

(7)加强监理过程控制。由值班领导审核报质量总监审定,现场监理当班责任人负责浇筑过程旁站监督。

7.4.1.8 混凝土暂停浇筑和停仓管理规定

(1)在混凝土浇筑过程中,当发生下列情况之一时,现场监理有权下达暂停浇筑指令:

①浇筑部位积水不能及时排除的。

②浇筑部位骨料分离处理不及时或需要改变混凝土级配的。

③受损预埋件未修复的。

④振捣能力小于入仓强度的。

⑤模板一般性跑模的。

⑥台阶过窄,以至形成滚浇的。

⑦遇大到暴雨时,或中雨天气雨水不能及时排除的。

⑧未经监理同意,不按仓面设计浇筑的。

⑨其他可能影响工程质量和安全的。

(2)暂停浇筑管理程序。

混凝土浇筑过程中,当发生暂停浇筑规定所列情况之一时,现场监理向承包人仓面质检员说明原因后,口头下达暂停指令;当影响浇筑暂停的因素消除后,由现场监理下达恢复浇筑指令,并及时告知监理当班责任人。

(3)浇筑停仓指令下达程序。

混凝土浇筑过程中,当发生停仓规定所列情况之一时,现场监理及时督促承包人采取必要措施。停仓指令下达按"先口头、后书面"的方式操作,书面指令应在事件发生后 24 h 内补发。停仓后,现场监理做好监理记录。

7.4.2　混凝土温度控制措施

混凝土温度控制的重点为混凝土内部最高温度控制及降低混凝土内外温差,需通过原材料、配合比、混凝土骨料预冷、加冰(制冷水)拌和、运输过程遮阳保温、浇筑过程温度控制、混凝土表面养护、通水冷却及温度监测等措施进行控制。

为达到温度控制标准,如《船闸混凝土温控技术要求》,除监理平行检测出机口温度外,还要检测浇筑过程的入仓、浇筑温度(白天 2 次、夜间 1 次检测并记录),同时监督承包人智能温控系统的正常运行和监测、记录,出现超温及时处置,确保温度控制满足设计要求。同时,监督承包人采用综合温控措施,主要如下。

7.4.2.1　出机口温度控制

出机口温度主要取决于拌和前各种物料的温度,因此可以从降低骨料温度和加冰或制冷水拌和两个方面进行温度控制。承包人通过控制粉料(水泥)入罐温度、加冰拌制、骨料两次风冷、骨料运输皮带加全封闭遮阳保温棚等综合措施,确保出机口温度满足要求。试验监理工程师需监督拌和过程中的温度检测(跟踪检测),并对拌和楼制冷系统扩容改造进行监督。

7.4.2.2　浇筑过程最高温升控制

(1)混凝土从入机到出仓有一个运输、倒运过程,混凝土与外界环境有热交换现象发生,导致混凝土冷量损失,温度回升。为防止浇筑过程中的热量倒灌,需加快混凝土的运输和吊运速度。混凝土入仓后,应及时进行平仓及振捣,对于大型仓位(诸如上下闸首边墩)可采用平仓机及振捣机进行平仓、振捣,提高机械化施工水平,加快混凝土胚层接头覆盖。尽量控制混凝土从出机口至仓面浇筑坯被覆盖的时间,以控制混凝土温度回升。

(2)尽量避免高温时段浇筑混凝土,充分利用低温季节、早晚及夜间气温低的时段浇筑。

(3)高温浇筑混凝土时,使用喷雾机进行仓面喷雾,喷雾时水分不应过量,要求雾滴直径达到 40~80 μm,以防止混凝土表面泛出水泥浆液。

(4)混凝土表面覆盖保温被:高温季节浇筑混凝土过程中,加强表面保湿保温措施,混凝土浇筑过程中,随浇随覆盖保温被,振捣完成后及时覆盖隔热保温被。

7.4.2.3 运输过程的温度控制

混凝土运输过程中,在运输车辆顶部搭设遮阳棚,避免阳光直射使混凝土料升温。同时,在运输自卸汽车车厢外侧喷涂聚氨酯保温涂料,降低车厢导热速率。

7.4.2.4 控制浇筑层厚及间歇期

(1)浇筑层厚应根据温控、浇筑、结构和立模等条件选定。基础约束区和老混凝土约束部位浇筑层高按 1.5 m 进行控制,脱离基础约束区浇筑厚度按 3.0 m 进行控制,局部位置根据结构适当调整。

(2)控制混凝土层间间歇期,上下层浇筑间歇时间宜为 5~10 d;避免出现大于 21 d 的长间歇,当出现大于 21 d 的长间歇时,应按老混凝土处理。

7.4.2.5 做好养护和表面保护

(1)混凝土浇筑完毕后,及时洒水或采取其他措施进行养护,养护至上层覆盖或不小于 28 d。

(2)施工期,对新浇混凝土表面采用保温材料进行覆盖保温。对于顶面,保温至上层混凝土开始浇筑前;对于永久外露面,保温至施工期结束;对于临时外露面,保温至相邻混凝土浇筑或石渣回填;模板拆除前,在模板外侧设置保温材料进行保温。

(3)进入低温季节或气温骤降时,对孔洞进出口进行封闭保护,以防冷风贯通产生表面裂缝。

7.4.2.6 通水冷却

高温季节(4~10 月)浇筑的混凝土采用两期通水。一期通水在混凝土浇筑开始时即开始通水,连续通水时间不小于 20 d,混凝土降温过程中,根据混凝土内部温度测量结果,及时调整通水流量。二期通水在当年 10 月下旬至 11 月上旬进行。低温季节(11 月至次年 3 月)浇筑的混凝土采用一期通水,混凝土浇筑开始时即开始通水,连续通水时间不小于 20 d。

7.4.3 巡视检查措施

(1)检查施工现场的人员、材料、机械设备配置和运行情况及现场安全文明施工情况。

(2)检查混凝土施工工艺及参数是否符合设计技术要求和施工方案要求。

(3)检查混凝土施工与其他施工工序是否存在施工干扰情况。

(4)核实混凝土施工进度。

(5)检查施工废水是否按要求处理后进行排放。

7.4.4 旁站监理控制措施

在浇筑作业过程中,工程部安排监理人员对重点和关键部位、重要隐蔽工程浇筑工艺质量实行全过程旁站监理,督促承包人落实混凝土浇筑质量措施、对作业过程中的浇筑工艺检查和督促,并针对检查中发现的问题进行纠正与处理,对旁站过程及施工作业情况认真做好记录,旁站监理如实填写混凝土旁站值班记录表,并按月装订成册。

7.4.4.1　混凝土的入仓、平仓和振捣

(1)必须在浇筑块的结合面上(施工缝)铺设垫层混凝土或垫层砂浆。

(2)督促承包人控制铺设速度,与混凝土浇筑的覆盖速度相适应,避免垫层变干或初凝。

(3)卸料后还要特别注意观察混凝土料的颜色与和易性,如有异常,即要查原因,以至及时处理不合格的料,对到达仓面的混凝土温度进行抽查,防止温度超标混凝土入仓;督促承包人及时进行仓面取样。

(4)监督承包人控制卸料高度不超过规定值,分散卸料,监督现场摊铺,防止摊铺厚度超标,防止粗骨料集中掩埋,对已经分离的或堆积在一起的大粒径骨料指示承包人采取措施分布均匀并分散埋入混凝土中。

(5)监督承包人的操作人员进行振捣作业,防止发生漏振、欠振或过振,纠正施工人员的错误振捣作业。

(6)在浇筑仓内有止水、仪器或埋件、冷却水管、止浆片和接缝灌浆系统时,提醒承包人特别注意下料、平仓和振捣时不能损害这些埋件,去除这些部位周围混凝土中的大骨料,并仔细振捣。对于混凝土的泌水,监督承包人在覆盖上一层混凝土之前采用适当的方式排除。

(7)在采用滑动模板浇筑的地方,控制滑动模板移动的速度,保证浇筑脱模后的混凝土不产生流淌变形,并能满足滑模滑升以及表面处理的需要。

7.4.4.2　温度控制

(1)根据要求,严格监控混凝土的出机口温度和浇筑温度。

(2)监督承包人按照已审批的温度控制措施执行,落实施工图纸所示的建筑物分缝、分块尺寸,冷却水管的布置铺设和通水、保温等混凝土有关温度控制措施要求。

7.4.4.3　混凝土浇筑过程的异常处理

(1)在混凝土浇筑过程中,注意对模板的位移、变形和支撑的检查,避免在模板上搭设跳板做人行通道或卸料以及仓面机械对模板的撞击,如发生上述情况引起了模板的位移或变形,立即要求承包人进行处理并进行模板的复测,情况严重时指令暂时停工进行处理。

(2)混凝土浇筑时,检查钢筋是否因卸料而引起变形或位移,或溅起的水泥浆在钢筋被覆盖前已初凝或假凝;对于仪器、电缆、埋设件、止水止浆片和接缝灌浆系统,如果发生变形、移位或损坏,立即指令承包人暂停该部位的浇筑,并进行修复。

(3)在混凝土浇筑过程中,冷却水管内应通压力水,一旦发现冷却水管破裂,应立即暂停浇筑,挖开混凝土对冷却水管进行修复。

(4)每层混凝土在初凝前应及时覆盖,避免出现冷缝。如果因任何原因出现混凝土在覆盖前初凝,应按照施工缝的要求进行处理。

7.4.5　监理检测标准

(1)基础面、施工缝工序检查和检验项目、质量标准如表7-2所示。

表 7-2 基础面、施工缝施工质量标准

项次		检验项目		质量标准	检验方法	检验数量
主控项目	1	基础面	岩基	符合设计要求	观察、查阅设计图纸或地质报告	全仓
			软基	预留保护层已挖除；基础面符合设计要求	观察、查阅测量断面图及设计图纸	
	2	地表水和地下水		妥善引排或封堵	观察	
	3	施工缝的留置位置		符合设计或有关施工规范规定	观察、量测	全数
	4	施工缝面凿毛		基面无乳皮、成毛面，微露粗砂	观察	
一般项目	1	岩面清理		符合设计要求；清洗洁净、无积水、无积渣杂物	观察	全仓
	2	缝面清理		符合设计要求；清洗洁净、无积水、无积渣杂物	观察	全数

（2）混凝土模板制作及安装工序检查和检验项目、质量标准如表 7-3 所示。

表 7-3 混凝土模板制作及安装施工质量标准

项次		检验项目		质量标准	检验方法	检验数量
主控项目	1	稳定性、刚度和强度		满足混凝土施工荷载要求，并符合模板设计要求	对照模板设计文件及图纸检查	全部
	2	承重模板底面高程		允许偏差 0~+5 mm	仪器测量	模板面积在 100 m² 以内，不少于 10 个点；每增加 100 m²，检查点数增加不少于 10 个点
	3	排架、梁、板、柱、墙	结构断面尺寸	允许偏差±10 mm	钢尺测量	
			轴线位置	允许偏差±10 mm	仪器测量	
			垂直度	允许偏差±5 mm	2 m 靠尺量测或仪器测量	
	4	结构物边线与设计边线	外露表面	内模板：允许偏差-10~0 mm 外模板：允许偏差 0~+10 mm	钢尺测量	
			隐蔽内面	允许偏差 15 mm		
	5	预留孔、洞尺寸及位置	孔洞尺寸	允许偏差-10 mm	测量、查看图纸	
			孔洞位置	允许偏差±10 mm		

续表 7-3

项次	检验项目	质量标准		检验方法	检验数量
一般项目	1 模板平整度、相邻两板面错台	外露表面	钢模:允许偏差 2 mm 木模:允许偏差 3 mm	2 m 靠尺量测或拉线测量	模板面积在 100 m² 以内,不少于 10 个点;每增加 100 m²,检查点数增加不少于 10 个点
		隐蔽内面	允许偏差 5 mm		
	2 局部平整度	外露表面	钢模:允许偏差 3 mm 木模:允许偏差 5 mm	按水平线(或垂直线)布置检测点,2 m 靠尺量测	模板面积在 100 m² 以上,不少于 20 个点;每增加 100 m²,检查点数增加不少于 10 个点
		隐蔽内面	允许偏差 10 mm		
	3 模板缝隙	外露表面	钢模:允许偏差 1 mm 木模:允许偏差 2 mm	量测	模板面积在 100 m² 以上,不少于 10 个点;模板面积在 100 m² 以内,不少于 5 个点
		隐蔽内面	允许偏差 2 mm		
	4 结构物水平断面内部尺寸	允许偏差±20 mm		测量	模板面积在 100 m² 以上,检查 3~5 个点;模板面积在 100 m² 以内,检查 1~3 个点
	5 脱模剂涂刷	产品质量符合标准要求,涂刷均匀,无明显色差		查阅产品质检证明,观察	全面
	6 模板外观	表面光洁、无污物		观察	

(3)钢筋制作及安装工序检查和检验项目、质量标准如表 7-4 所示。

表 7-4 钢筋制作及安装工序施工质量标准

项次		检验项目			质量标准	检验方法	检验数量
主控项目	1	钢筋的数量、规格尺寸、安装位置			符合质量标准和设计要求	对照设计文件检查	全数
	2	钢筋接头的力学性能			符合规范要求和国家及行业有关规定	对照仓号在结构上取样测试	焊接200个接头检查1组,机械连接500个接头检验1组
	3	焊接接头及焊缝外观			不允许有裂缝、脱焊点、漏焊点,表面平顺,没有明显的咬边、凹陷、气孔等,钢筋不应有明显烧伤	观察并记录	不少于10个点
	4	钢筋连接	电焊及电弧焊	帮条对焊接头中心	纵向偏移差不大于0.5d	观察、量测	每项不少于10个点
				接头处钢筋轴线曲折	≤4°		
				焊缝 长度	允许偏差:-0.50d		
				焊缝 高度	允许偏差:-0.05d		
				焊缝 表面气孔夹渣	在2d长度上数量不多于2个;气孔、夹渣的直径不大于3 mm		
			绑扎连接	缺扣、松扣	不大于20%且不集中	观察、量测	
				弯钩朝向正确	符合设计图纸		
				搭接长度	符合规范和设计要求		
			机械连接 直(锥)螺纹连接接头	丝头外观质量	保护良好,无锈蚀和油污,牙形饱满光滑	观察、量测	
				套头外观质量	无裂纹或其他肉眼可见缺陷		
				外露丝扣	无1扣以上完整丝扣外露		
				螺纹匹配	丝头螺纹与套筒螺纹满足连接要求,螺纹结合紧密,无明显松动,相应处理方法得当		
	5	钢筋间距、保护层			符合规范和设计要求	观察、量测	不少于10个点

续表 7-4

项次		检验项目		质量标准	检验方法	检验数量
一般项目	1	钢筋长度方向		局部偏差:±1/2 净保护层厚	观察、量测	不少于5个点
	2	同一排受力钢筋间距	排架、柱、梁	允许偏差:±0.5d	观察、量测	
			板、墙	允许偏差:±0.1 倍间距	观察、量测	
	3	双排钢筋排与排间距		允许偏差:±0.1 倍排距	观察、量测	
	4	梁与柱中箍筋间距		允许偏差:±0.1 倍箍筋间距	观察、量测	不少于10个点
	5	保护层厚度		局部偏差:±1/4 净保护层厚	观察、量测	不少于5个点

(4)预埋件制作及安装工序检查和检验项目、质量标准如表 7-5 所示。

表 7-5　预埋件制作及安装工序施工质量标准

项次		检验项目		质量标准	检验方法	检验数量
主控项目	1	铁件	高度、方位、埋入深度和外露长度	符合设计要求	对照图纸现场观察、查阅施工记录、量测	全部
	2	冷却及灌浆管路	管路安装	安装牢固、可靠,接头不漏水、不漏气、无堵塞	通气、通水	所有接头
	3	止水(浆)片或带	片(带)外观	表面平整,无浮皮、锈污、砂眼、钉孔、裂纹等	观察	所有外露止水片(带)
	4		基座	符合设计要求(按基础面要求验收合格)	观察	不少于5个点
	5		片(带)插入深度	符合设计要求	检查、量测	不少于1个点
	6		接头	符合工艺要求	检查	全数
	7	排水系统	孔口装置	按设计要求加工、安装,并进行防锈处理,安装牢固,不应有渗水漏水现象	观察、量测	全部
	8		排水管畅通性	畅通	观察	全部
	9	伸缩缝	伸缩缝缝面	平整、顺直、干燥,外露铁件应割除,伸缩有效	观察	全部

续表 7-5

项次		检验项目			质量标准	检验方法	检验数量
	1		外观		表面无锈皮、油污等	观察	
	2	铁件	锚筋钻孔位置	梁、柱的锚筋	允许偏差 20 mm	量测	
				钢筋网锚筋	允许偏差 50 mm	量测	全部
	3		钻孔底部的孔径		锚筋直径 20 mm	量测	
	4		钻孔深度		符合设计要求	量测	
	5		钻孔的倾斜度相对设计轴线		允许偏差 5%（在全孔深度范围内）	量测	
	6	冷却、灌浆管路	管路出口		露出模板外 300~500 mm，妥善保护，有识别标志	观察	全部
一般项目	7	止水（浆）片或带	片（带）偏差	宽	允许偏差±5 mm	量测	检查 3~5 个点
	8			高	允许偏差±2 mm		
	9			长	允许偏差±20 mm		
	10		搭接长度	金属止水片	≥20 mm，双面焊接	量测	每个焊接处
	11			橡胶、PVC 止水带	≥100 mm	量测	每个连接处
	12			金属止水片与 PVC 止水带接头栓接长度	≥350 mm（螺栓栓接法）	量测	每个连接处
	13		片（带）中心线与接缝中心线安装偏差		允许偏差±5 mm	量测	检查 1~2 个点
	14	排水系统	排水孔倾斜度		允许偏差 4%	量测	全数
	15		排水孔（管）位置		允许偏差 100 mm	量测	
	16		基岩排水孔	倾斜度	孔深不小于 8 m	允许偏差 1%	量测
	17				孔深小于 8 m	允许偏差 2%	量测
	18		深度		允许偏差±0.5%	量测	
	19	伸缩缝	涂敷沥青料		涂刷均匀平整，与混凝土黏接紧密，无气泡及隆起	观察	全部
	20		粘贴沥青油毛毡		铺设厚度均匀平整、牢固，搭接紧密		
	21		铺设预制油毡板或其他闭缝板		铺设厚度均匀平整、牢固，相邻块安装紧密平整无缝		

（5）混凝土浇筑工序检查和检验项目、质量标准如表7-6所示。

表7-6　混凝土浇筑工序施工质量标准

项次		检验项目	质量标准	检验方法	检验数量
主控项目	1	入仓混凝土料	无不合格料入仓。如有少量不合格料入仓,应及时处理至达到要求	观察	不少于入仓总数的50%
	2	平仓分层	厚度不大于振捣棒有效长度的90%,铺设均匀,分层清楚,无骨料集中现象	观察、量测	全部
	3	混凝土振捣	振捣棒垂直插入下层5 cm,有次序,间距、留振时间合理,无漏振、无超振	在混凝土浇筑过程中全部检查	
	4	铺料间歇时间	符合要求,无初凝现象	在混凝土浇筑过程中全部检查	
	5	混凝土温度(指有温控要求的混凝土)	满足设计要求	温度计量测	
	6	混凝土养护	表面保持湿润,连续养护时间基本满足设计要求	观察	
一般项目	1	砂浆铺筑	厚度宜为2~3 cm,均匀平整,无漏铺	观察	全部
	2	积水和泌水	无外部水流入,泌水排除及时	观察	
	3	插筋、管路等埋设件以及模板的保护	保护好,符合设计要求	观察、量测	
	4	混凝土表面保护	保护时间、保温材料质量符合设计要求	观察	
	5	脱模	脱模时间符合施工技术规范或设计要求	观察或查阅施工记录	不少于脱模总时的30%

（6）混凝土外观工序检查和检验项目、质量标准如表7-7所示。

表 7-7　混凝土外观工序施工质量标准

项次		检验项目	质量标准	检验方法	检验数量
主控项目	1	表面平整度	符合设计要求	使用 2 m 靠尺或专用工具检查	100 m² 以上的表面检查 6~8 个点；100 m² 以下的表面检查 3~5 个点
	2	形体尺寸	符合设计要求或允许偏差±20 mm	钢尺测量	抽查 15%
	3	重要部位缺损	不允许，应修复使其符合设计要求	观察、仪器检测	全部
一般项目	1	麻面、蜂窝	麻面、蜂窝累计面积不超过 0.5%。经处理符合设计要求	观察、量测	全部
	2	孔洞	单个面积不超过 0.01 m²，且深度不超过骨料最大粒径。经处理符合设计要求	观察、量测	
	3	错台、跑模、掉角	经处理符合设计要求	观察、量测	
	4	表面裂缝	短小、深度不大于钢筋保护层的表面裂缝经处理符合设计要求	观察、量测	

8　围堰的填筑和拆除

8.1　概　况

围堰根据施工导流分为两期,一期导流先围左岸,江水由束窄后的右岸河床过流。在一期围堰的保护下,施工河床 20 孔泄流低孔、1 孔泄流高孔、左岸厂房、左岸挡水坝等建筑物。二期导流围右岸,由一期建成的 20 孔泄流低孔、1 孔泄流高孔过流。在二期围堰的保护下,施工河床 4 孔泄流低孔、1 孔泄流高孔、右岸厂房、右岸挡水坝等建筑物。

8.1.1　船闸及副坝围堰

船闸工程大部分在左岸高地及一级阶地上,结合地形、地质条件,在上下游引航道渠道内布置预留岩埂。根据下游引航道进(出)水口的工程布置,下游引航道进(出)水口处布置围堰,围堰挡水标准采用 3 月月最大 5 年重现期洪水,设计流量 4 120 m³/s。围堰采用黏土斜墙土石围堰,堰顶高程为 28.01 m,迎水侧坡比 1:2.5,背水侧坡比 1:2.0,堰体顶宽为 13 m。

南木江副坝上游围堰位于南木江河床、右岸一级阶地及两侧山坡上,地面高程 31~80 m。南木江副坝下游围堰位于南木江河床、左右岸一级阶地上,地面高程 29~46 m。上游围堰采用黏土心墙土石围堰,堰顶宽 10.0 m,上下游边坡均采用 1:2.0;下游围堰采用黏土斜墙土石围堰,堰顶宽 15.0 m,上游边坡采用 1:2.5,下游边坡采用 1:2.0。

8.1.2　二期围堰

施工二期导流围堰包括二期上游土石围堰、二期下游土石围堰和右岸鱼道进口围堰。

二期上游土石围堰建筑物级别为 3 级,设计洪水标准为大汛 50 年重现期洪水。二期上游土石围堰位于坝上河床及右岸山坡,布置在坝轴线上游约 270 m 处,地面高程 28~74 m。围堰轴线呈直线布置,轴线与水流方向夹角约 84°,斜向下游。上游围堰左侧与纵向围堰上游段相连接,右侧与右岸开挖边坡相连接。围堰总长 349.6 m。

二期下游土石围堰建筑物级别为 4 级,设计洪水标准为大汛 20 年重现期洪水。二期下游土石围堰位于坝下河床、右岸漫滩及右岸山坡,布置在坝轴线下游约 400 m 处,围堰轴线呈直线布置,轴线与水流方向夹角约 87°,接近垂直。下游围堰左侧与纵向混凝土围堰相连接,右侧与右岸岸坡相连接。围堰总长 421.04 m。

二期上下游围堰均采用混凝土防渗墙接黏土心墙土石围堰,上下游围堰顶宽均为 10.0 m,上游围堰迎水侧边坡为 1:2.2,背水侧边坡为 1:2.0。

右岸鱼道进口围堰位于漫滩和Ⅰ级阶地前缘。Ⅰ级阶地前缘地面高程 30~42 m,漫滩地面高程 23~30 m。

纵向混凝土围堰上游段轴号范围为轴 0-349.000~轴 0-024.000,总长度为 325.0 m,共分 17 段,为碾压混凝土(C9020W6F100 二级配+C9015W4F50 三级配)+常态混凝土(C2830W6F100 二级配)结构,内部无配筋,两侧布置有侧壁钢筋,建基面高程 20.00 m,顶高程 54.30 m,顶宽 10.0 m,最大高度 34.3 m,基坑侧边坡坡度 1:0.23,靠河侧边坡坡度 1:0.45。

纵向混凝土围堰下游段轴号范围为轴 0+238.000~轴 0+440.260,总长度为 202.26 m,共分 10 段,为碾压混凝土(C9020W6F100 二级配+C9015W4F50 三级配)+常态混凝土(C2830W6F100 二级配)结构,内部无配筋,两侧布置有侧壁钢筋。下游段为梯形断面,建基面高程为 7.00 m、13.00 m 及 20.00 m,顶高程 43.68 m,顶宽 5.5 m,长度 406 m,最大高度 36.68 m,两侧边坡坡度 1:0.35。

8.2 围堰工程的特点及主要工程量

8.2.1 围堰工程的特点

船闸及副坝围堰和二期围堰具有工期短、工程量大、时间紧、任务重、施工质量及安全管控要求高、施工环境复杂、受库区水位影响大等一系列特点,并由此产生诸多的工程技术、施工技术及施工管理等问题,应引起高度重视,并采取切实可行的保证措施,确保合同工程目标的顺利实现。

8.2.2 主要工程量

船闸出口围堰堆石填筑量为 448 541 m³,南木江上游横向围堰堆石填筑量为 82 734 m³,下游横向围堰堆石填筑量为 37 389 m³。船闸出口围堰拆除量为 640 474 m³,南木江上下游横向围堰拆除量为 0。

纵向碾压混凝土围堰拆除 15.72 万 m³;土石方填筑 239.76 万 m³;土石方围堰拆除工程量约为 208.29 万 m³。纵向混凝土围堰上游段(1#~14#堰段)拆除至 36.0 m 高程,拆除总长 275 m,拆除量为 7 万 m³。纵向混凝土围堰下游段(18#~27#堰段)拆除至 30.0 m 高程,拆除总长 202.26 m,拆除量为 2.93 万 m³。

二期上游横向土石围堰桩号 SW0+000.00~SW0+184.17 段拆除至 31.17 m 高程,靠近纵向围堰处 150 m 范围拆除至 25.0 m 高程(SW0+199.60~SW0+349.60),中间段(SW0+184.17~SW0+199.60)为过渡放坡段(31.17~25.0 m 按 1:2.5 坡比放坡),拆除工程量为 64.97 万 m³。

下游横向土石围堰全部拆除(至原始河床),拆除量约 95.83 万 m³。

8.3 围堰工程监理

8.3.1 围堰填筑监理

二期上游土石围堰处河床基岩裸露,出露的岩层为那高岭组第 $D_1 n^{10} \sim D_1 n^{13-1}$ 层,局部存在强风化岩层厚约 1 m,弱风化岩层厚 13~20 m。山坡上覆盖层为黏土,厚约 1 m,下部岩层为那高岭组第 $D_1 n^{10} \sim D_1 n^{11-3}$ 层,强风化岩层厚 2~10 m,弱风化岩层厚 30~34 m。有 4 条断层在河床部位通过堰基,为陡倾角断层。堰基可清除覆盖层,建于基岩上。由压水试验结果可知,表层岩体 10 m 以内为中等透水层,10 m 以下为弱透水层。

二期下游土石围堰处河床基岩裸露,右岸漫滩覆盖层为黏土质砂,厚 0.2~0.6 m,右岸山坡覆盖层为黏土,厚 2~4 m。基岩为那高岭组第 $D_1 n^{13-3}$ 层和郁江阶第 $D_1 y^{1-1} \sim D_1 y^{1-3}$ 层。第 $D_1 y^{1-3}$ 层上部发育表层强烈溶蚀风化带,厚 2~5 m,弱风化岩层厚 10~42 m。有 1 条断层在河床部位通过堰基,为陡倾角断层。黏土质砂厚度较薄,建议挖除。堰基可建基于基岩和清除表部含植物根系层的覆盖层之上。由于表层强烈溶蚀风化岩层为强透水层,需进行防渗处理。

右岸鱼道进口围堰处 Ⅰ 级阶地前缘覆盖层厚 8~15 m,主要由黏土和混合土卵石组成,漫滩处混合土卵石厚 1~2 m,局部基岩裸露。基岩为郁江阶第 $D_1 y^{1-1} \sim D_1 y^{1-3}$ 层和第 $D_1 y^2$ 层灰岩、白云岩。岩溶发育表层强烈溶蚀风化带厚约 10 m,裂隙性溶蚀风化上带厚 20~30 m。堰基可建基于基岩混合土卵石上。表层强烈溶蚀风化岩层和混合土卵石为强透水层,需进行防渗处理。

在南方水文气象和复杂地质条件下,一期、二期围堰截流,防渗和填筑施工质量是监理导流工程施工质量控制的重点与难点。

(1)一期围堰于 2018 年 9 月初截流,二期围堰于 2019 年 11 月底截流,由于截流水力学指标高,戗堤进占施工中水流条件异常复杂,水文条件变化大,截流难度较大。如果截流采取单戗进占,截流难度将更大。为此,做好截流方案研究,充分做好截流备料,以及科学组织进占顺序,并确保连续高强度抛投是确保截流成功的关键。

(2)围堰截流及填筑需石渣量较大,围堰备料和开挖土石方平衡需高度重视。

(3)在二期围堰中,上下游围堰覆盖层厚 0~2.5 m,较薄对围堰稳定影响不大,围堰基础主要为基岩,泥化夹层发育,沿泥化夹层存在浅层滑动问题,应高度重视,采取相应处理措施。

(4)围堰填筑施工强度较高,受黏土心墙施工进度制约,均衡上升难度较大。为此,各填筑料间的坯层接头质量,须严格过程质量控制。

(5)二期围堰采用混凝土防渗墙接黏土心墙的防渗方式。防渗墙入岩深度是确保墙体与基岩防渗质量的关键;黏土心墙填筑受坝址区雨量充沛气候条件影响,雨季对黏土心墙填筑质量影响较大,应针对性地研究保证措施。

(6)黏土心墙、土工膜与岸坡连接受施工干扰大,质量控制难度较大,施工过程应重点做好工艺质量控制。

（7）根据下游围堰地质情况，下游围堰基岩为那高岭组第 D_1n^{13-3} 层和郁江阶第 D_1y^{1-1} ~ D_1y^{1-3} 层。第 D_1y^{1-3} 层上部发育表层强烈溶蚀风化带，表层强烈溶蚀风化岩层为强透水层。

（8）在左岸一期工程中，围堰基础以下单纯采用混凝土防渗墙形式，岩溶渗漏风险较大，因此二期围堰增加岩溶帷幕灌浆，以确保围堰防渗质量。

8.3.2 围堰拆除监理

8.3.2.1 监理工作内容

大藤峡水利枢纽工程中监理工作主要包括以下内容：

（1）爆破作业前，承包人在合适的区段进行必要的爆破试验，确定合理的爆破参数、爆破地震安全距离、质点的安全震动速度及最大一段起爆药量。

（2）每次钻孔爆破作业前 1 d，承包人根据爆破试验成果，向监理部及业主提交爆破设计，经监理部和业主批准后实施。

（3）施工过程中，承包人按报经批准的施工措施计划和施工技术规范按章作业、文明施工，加强质量和技术管理，做好原始资料的记录、整理和工程总结工作。当发现作业效果不符合设计或施工技术规程、规范要求时，应及时修订施工措施计划或调整爆破设计，报送监理机构和业主批准后执行。

（4）在施工过程中，承包人随施工作业进展做好施工测量工作。

（5）为确保测量放样质量，避免造成重大失误和不应有的损失，必要时，监理机构可要求承包人在测量监理工程师直接监督下进行对照检查与校测。但监理工程师所进行的任何对照检查与校测，并不意味着可以减轻承包人对保证测量放样质量所应负的合同责任。

（6）承包人对爆破孔的放样测量、钻孔、装药，爆破网络连接、爆破振动监测、爆破质量等进行全过程的质量检查与控制，监理工程师按要求进行旁站及抽检，爆破前各工序（放样、钻孔、装药、联线）验收合格，经承包人质检工程师及监理工程师签证并签发准爆证后方可爆破。

（7）在施工过程中，承包人若不按批准的施工措施计划实施；或违反国家有关技术规范、爆破安全规程和劳动保护条例施工；或不按规定的路线、场区出渣、弃渣、进行有用料堆存；或出现重大安全、质量事故等情况；或因弃渣不当造成下游河道阻塞、有用料污染，或因排污不当造成环境的污染；或其他违反工程承包合同文件的情况。监理工程师采取口头违规警告、书面违规警告，直至返工、停工整改等方式予以制止。由此而造成的一切经济损失和合同责任，均由承包人承担。

（8）在施工过程中，监理机构督促施工单位按报经批准的施工方案，规范施工；当发现作业效果不符合设计及规范要求，督促施工单位及时修改施工措施或调整爆破设计，报送监理机构审批后执行。

（9）在施工过程中，及时跟踪检查测量工作，根据设计图纸和施工控制网点进行测量放样，及时检查开挖高程。

（10）测绘或者收集开挖前后的原始地形、断面资料，做好开挖施工场地布置和断面图的测绘工作。

（11）开挖应自上而下进行，严格按照设计及相关文件要求开挖，控制坡比，分区、分段开挖，严禁从底部掏挖或形成倒悬等危险开挖。

（12）在混凝土防渗墙拆除及水下开挖过程中，施工单位应按照已审批方案的规定做好施工期爆破振动和堰体稳定的安全监测工作。

（13）水上或水下开挖过程中，当发生堰体边坡滑塌，或观测资料表明堰体边坡处于不稳定状态时，监理部督促施工单位采取以下措施：

①及时向监理部报告并采取相应防范措施，防止事态范围扩大和延伸。

②记录事态的发生、发展过程和处理经过，并及时报送监理部。

③会同各参建方查明原因，及时提出处理措施，报监理部审批后实施。

8.3.2.2　围堰拆除施工监理的重难点

（1）根据拆除分区，上游围堰拆除Ⅲ区、Ⅳ区及下游围堰Ⅴ区为水下开挖施工，根据水下开挖施工特点，施工过程中受枢纽上游库区水位及下游水位影响干扰较大，影响施工效率，结合左岸尾水渠及泄水闸出水渠施工经验，水下拆除施工难度较大，如何保证拆除干净、彻底是拆除施工的难点。

（2）拆除时间紧、任务重，开挖设备如何合理布置，资源合理调配，保证施工进度是拆除施工的难点。

（3）上下游围堰防渗墙及上部帽盖钢筋混凝土结构拆除，需打孔爆破后才可顺利拆除，钢筋需进行切割剪断，施工难度较大。

（4）二期上游围堰在运行挡水期间，先后几次出现围堰渗漏情况，为保证围堰运行安全，对围堰进行了多次渗漏应急处理灌浆，导致围堰内形成了块度大小不等的灌浆块体，增加了拆除施工难度，需松动爆破后才可顺利拆除。

（5）周围环境复杂，爆破安全要求高。上游围堰、下游围堰及纵向围堰周边建筑物较多，爆破拆除时，左岸泄水闸及厂房机组闸门、仪器等正在运行。对爆破安全要求高，必须严格控制爆破振动、飞石等爆破有害效应对需保护物的影响。

（6）爆破块度和爆堆形状控制标准高，水下出渣难度大。根据围堰拆除施工规划，爆破后大多需采用水下清渣，因此对爆破块度要求较严。选择不同的出渣设备，对爆堆形状要求也不同。纵向围堰拆除爆破时，部分石渣料会不可避免地落入左岸泄水闸侧，为避免爆破渣料对左岸泄水闸闸门运行造成影响，需严格控制爆破块度大小。上下游围堰防渗墙爆破时，考虑水下出渣采用挖泥船开挖，需严格控制爆破后块度大小，保证顺利出渣。

（7）起爆网路复杂。网路设计及施工精度是保证爆破效果和爆破安全的关键，不仅要求按设计起爆顺序、起爆时间全部起爆，同时考虑爆破振动影响，不允许发生重段和串段现象。由于炮孔数量多、炸药用量大，使整个起爆网路非常复杂。

（8）装药难。保证装药到位并按设计装药结构和装药量进行装药和堵塞是保证爆破效果的关键。由于炮孔装药长度大，在装药过程中易出现卡孔、堵孔、送药困难等各种各样的问题，加之渗水、漏水等恶劣施工环境的制约，保证装药和堵塞质量成为爆破需重点解决的难题。

8.3.2.3 围堰拆除施工监理控制的要点

1. 施工测量的控制

(1)围堰拆除坡比、分区的测量。

(2)防渗墙拆除的测量控制。

(3)堰体及防渗墙拆除工程验收断面的测量。

2. 钻爆质量的控制

(1)混凝土及混凝土防渗墙爆破作业过程中,应注意做好对钻孔、装药、起爆的质量控制。

(2)钻孔设备、孔位布置、钻孔角度、孔径和孔深应按爆破设计规定或技术要求进行,监理工程师进行现场检查。

(3)炮孔的装药、堵塞、爆破网路的连接和起爆必须由具备爆破作业资格的人员担任,并严格按爆破设计和爆破管制规定进行。

(4)爆破后应及时分析爆破效果,并根据爆破效果和监测结果,及时调整和优化爆破参数。

(5)渣料堆存。开挖渣料堆放应按报经批准的开挖料平衡和堆存规划,堆放在规定的存、弃料场,严禁将有用料与废料混杂,并保证后期有用料的挖取和利用。

9　鱼道工程

9.1　概　况

鱼道是供鱼类上溯洄游通过闸、坝等建筑物或天然障碍物的一种人工通道。在大藤峡水利枢纽工程所创造的数项"之最"中,有一项是它独特的双鱼道设计,即建有黔江主坝鱼道和南木江副坝仿自然生态鱼道。

黔江鱼道布置在黔江右岸岸坡上,鱼道过坝口位于主坝右岸挡水坝段上。根据鱼道过鱼季节和水库汛期、非汛期运行特点,在过坝时分设两个出口,分别称"非汛期鱼道"与"汛期鱼道"。汛期鱼道长 2 321 m,非汛期鱼道长 1 232 m,连接口长 32 m,鱼道长度总计 3 585 m。

南木江鱼道分为工程鱼道和生态鱼道,其中 1# 工程鱼道长 630 m,2# 工程鱼道长 232.272 m。生态鱼道布置在南木江下游河道上,采用渣料堆砌而成,包括景观湖、1# 生态鱼道、2# 生态鱼道、下游总生态鱼道及进鱼口段。1# 生态鱼道位于坝下 1# 鱼道工程段、生态段衔接部位出口,长度为 1 455 m,下游汇入总生态鱼道;2# 生态鱼道上游接景观湖,下游汇入总生态鱼道,长度为 420 m;下游总生态鱼道上游接 1# 生态鱼道、2# 生态鱼道,下游接进鱼口段,生态鱼道总长度为 2 750 m。生态鱼道实体图如图 9-1 所示。

图 9-1　生态鱼道实体图

双鱼道的设计在国内水利工程中罕见。大藤峡江段位于高原山地急流性鱼类向江河平原鱼类过渡的地区,是花鳗鲡、唐鱼和鲴鱼等珍稀、濒危鱼类赖以生存的地方,也是江中洄游鱼类的重要通道。不同的鱼类洄游需要不同的鱼道,例如跳跃类型的鱼能够进入比较陡的鱼道,冷水鱼喜欢水流较急的鱼道,而静水鱼则更喜欢弯弯曲曲的鱼道,独特的

"双鱼道"设计能够满足珍稀鱼类的过坝需求,其中黔江主坝鱼道长 3 585 m,南木江副坝生态鱼道长 2 750 m,这 6 000 多 m 长的通道为大藤峡水利枢纽工程江内鱼群洄游产卵搭建了生命通道。

9.2　鱼道工程特点

9.2.1　鱼道工程布置

9.2.1.1　黔江鱼道

黔江鱼道布置在黔江右岸岸坡上,鱼道过坝口位于主坝右岸挡水坝段上。过坝出口分别设在右岸挡水坝段 7# 坝段和 10# 坝段。非汛期鱼道在坝后下游伸展迂回,在坝下与汛期鱼道汇合,汇合后由汛期鱼道伸展迂回直至进口。汛期鱼道长 2 321 m,非汛期鱼道长 1 232 m。

汛期鱼道向库内延伸 30 m,在鱼道末端设置出口。鱼道过坝口下游侧鱼道按照 1:80 的坡比在连接口处与非汛期鱼道汇合,从连接口末端到 1# 进鱼口,非汛期鱼道汇入汛期鱼道。下游鱼道进口均布置在右岸厂区挡墙附近,共设 4 个进鱼口鱼道。最前端进口靠近河道,底高程为 20.14 m;其余进口均设在鱼道左侧挡墙上,底高程分别为 21.89 m、23.89 m、25.46 m,宽度均为 2 m。

非汛期鱼道向库内延伸长度为 296.00 m,鱼道出口均布置在主坝右岸靠山体处。在鱼道最上游端设置出口,出口底高程为 58.00 m,宽 5 m,开敞式布置;在鱼道左侧设57.60 m、59.60 m 运行水位出口,出口底高程为 54.60 m 和 56.60 m,孔口尺寸 5 m×4 m(宽×高)。过坝口下游鱼道按照 1:80 的坡比延伸 91 m 在坝下迂回盘旋,并在连接口与汛期鱼道汇合。

鱼道池室采用混凝土与浆砌卵石组合的结构形式,外部采用混凝土,底部采用浆砌卵石以增加鱼道糙率,从而达到近自然效果。鱼道底部纵坡为 1:80,鱼道每隔 15 m 设结构缝。槽身采用竖缝式鱼道,竖缝宽度 1 m,隔板厚度 0.2 m,由隔板形成的鱼道池室净宽 5 m,池室净长 6 m。每隔 20 个池室设置一个平底休息池,长度为 12 m。

右岸鱼道分为汛期鱼道(库区水位在 47.6~48.4 m 时运行)和非汛期鱼道(库区水位在 55.6~61.0 m 时运行)。其中 1#~4# 进鱼口工作闸门、2# 过坝口(出鱼口)工作闸门和事故闸门位于汛期鱼道;1#、3#、4# 出鱼口工作闸门及 1# 过坝口工作闸门位于非汛期鱼道;两段鱼道之间布置有连接口工作闸门。右岸鱼道共 11 套平面闸门,均采用固定卷扬式启闭机。

汛期鱼道 YB121~YB75 临江侧为 50 cm 厚格宾石笼护坡、护脚。

大藤峡水利枢纽工程的过鱼季节为 2~7 月。黔江主坝鱼道上游设置 4 个出鱼口,下游设置 4 个进鱼口,以满足过鱼季节的过鱼要求,同时也具备全年过鱼条件。

9.2.1.2　南木江鱼道

南木江鱼道作为国内首例大流量变幅下的组合式鱼道,运行工况复杂,分为工程鱼道和仿生态鱼道。仿生态鱼道布置在南木江下游河道上,采用渣料堆砌而成,包括景观湖、

1#仿生态鱼道、2#仿生态鱼道、下游总仿生态鱼道及进鱼口段。在生态鱼道上设置有休息池、壅水堰、汇水口、景观湿地等结构,使工程建设接近原有自然状态。其中,1#仿生态鱼道长度为1 455.5 m,2#仿生态鱼道长度为420 m,下游总生态鱼道上游接1#仿生态鱼道、2#仿生态鱼道,下游接进鱼口段,长度为2 750 m。

　　为满足南木江生态及过鱼要求,通过束窄南木江副坝下游河床及疏通地势较高的河段,同时可通过堆砌石滩达到近自然的效果,以满足过鱼要求,设计更加自然、更加生态。通过对控制高程、底坡、断面形式、衔接部位结构、休息池结构等进行方案比选,最终确定工程方案布置如下:1#仿生态鱼道生态段起点高程51.6 m,长度1 440 m,纵坡1/150,汇合口位置高程42.0 m。景观湖底高程42.5 m,景观湖壅水堰顶高程44.8 m。2#仿生态鱼道生态段长度280 m,纵坡1/100。下游总生态鱼道长度2 750 m,纵坡1/250,末端高程31.0 m。工程布置效果图见图9-2。

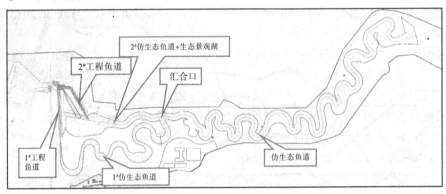

图9-2　南木江仿生态鱼道工程布置效果图

9.2.2　主要工程量

9.2.2.1　黔江鱼道

　　(1)非汛期鱼道长度(投影)1 279.78 m。汛期鱼道长度(投影)2 418.42 m。格宾石笼护坡共计22 969 m²。

　　(2)鱼道主要工程量。主要内容有:土石方工程,混凝土工程,基础处理工程,砌体工程,土石方填筑工程,金属结构及机电设备安装与调试,安全监测工程,临时工程及相关的附属工程,相关的水土保持、环境保护等项目。

　　主要工程量(主体工程):

　　①土石方工程。土方开挖量约为34.25万 m³,石方开挖量约为23.30万 m³。

　　②混凝土工程。混凝土浇筑工程量约为8.10万 m³。

　　③基础处理工程。基础埋石混凝土工程量约为1.11万 m³。

　　④砌体工程。浆砌石工程量约为9.24万 m³,浆砌石护坡工程量约为1.37万 m³。

　　⑤土石方填筑工程。堆石回填工程量约为44.69万 m³。

　　鱼道金属闸门主要参数如表9-1所示。

表9-1　鱼道金属闸门主要参数

序号	名称	质量/kg	高度/mm	宽度/mm	到货形式
1	1#出鱼口工作闸门	9 924	3 400	6 250	整体到货
2	2#出鱼口工作闸门	28 112	4 300	6 250	分上、下节
3	3#出鱼口工作闸门	12 763	4 300	6 250	分上、下节
4	4#出鱼口工作闸门	12 763	4 300	6 250	分上、下节
5	1#过坝口工作闸门	12 763	4 300	6 250	分上、下节
6	2#过坝口事故闸门	28 112	3 300	6 250	分上、下节
7	连接口工作闸门	9 924	3 400	6 250	整体到货
8	1#进鱼口工作闸门	4 364	5 150	2 500	整体到货
9	2#进鱼口工作闸门	4 364	5 150	2 500	整体到货
10	3#进鱼口工作闸门	4 364	5 150	2 500	整体到货
11	4#进鱼口工作闸门	4 364	5 150	2 500	整体到货

9.2.2.2　南木江鱼道

（1）1#鱼道生态段。河道底部采用大卵石护底，厚30 cm，下部结构层为20 cm厚素混凝土板、30 cm厚砂砾石垫层、1层复合土工膜、50 cm厚填土。河道主槽边坡及部分漫滩采用干砌石护坡，厚30 cm，下部为30 cm厚砂砾石垫层、1层复合土工膜、50 cm厚填土。复合土工膜高程为河底高程+0.9 m。

（2）下游总生态鱼道。河道底部采用大卵石护底，厚30 cm，下部结构层为20 cm厚素混凝土板、30 cm厚砂砾石垫层、1层复合土工膜、50 cm厚填土；高度1.7 m以下边坡漫滩表面采用干砌石护坡，厚30 cm，下部为30 cm厚砂砾石垫层、1层复合土工膜、50 cm厚填土。复合土工膜高程为河底高程+1.7 m。

（3）2#鱼道生态段。河道总高度为2.5 m，其中主槽底宽3.0 m，高0.6 m，两侧边坡1:2，漫滩宽度≥10 m（根据景观设计确定），漫滩上部1.1 m的过水范围内坡比为1:2，上部坡比和护坡形式根据景观设计确定（需≥1:2）。结构设计与下游主生态鱼道一致。

9.3　监理工作重点和措施

9.3.1　监理工作重点

（1）施工质量监控。监理人员对鱼道施工过程进行全程监控，确保施工按照设计要求和技术标准进行，避免施工中出现质量问题。监测施工工艺、材料使用和工程质量，及时发现并纠正施工中存在的问题。

（2）现场安全监督。监理人员监督鱼道施工过程中的安全管理，确保施工现场符合安全规范，施工作业人员有正确的安全防护意识和操作规程，预防事故发生，保障人员和设备的安全。

（3）设计变更审核。如果在施工过程中需要进行设计变更，监理人员需仔细审核变更申请,并评估其对鱼道通行效果和生物适应性的影响。确保变更后的设计与原始设计目标一致,并满足相关技术要求。

(4)材料验收检查。监理人员对鱼道施工使用的材料进行验收检查,确保材料的质量符合环境要求。检查材料的来源、规格、品质,并进行抽样化验,防止使用不合格材料对鱼道施工造成影响。

(5)监测数据分析。监理人员定期收集和分析鱼道施工过程中的监测数据,包括水流、水质及鱼类通行情况等方面的数据。通过数据分析,评估鱼道的运行状况和效果,并及时采取相应措施进行调整和改进。

9.3.2　监理工作措施

9.3.2.1　总体监理措施

督促施工单位建立完善三级质检体系、组织各方进行设计交底、执行施工文件报审制度等措施,实现总体监理控制。

9.3.2.2　测量监理措施

施工测量是施工质量控制、正确计量的依据和重要手段。新珠监理公司选派有资质、有经验的测量监理工程师负责施工测量的监理工作。

9.3.2.3　试验检测监理措施

严格按照监理合同、规范标准要求,审核施工单位报送的配合比计划、试验方案及配合比试验成果。在规定时限内对配合比试验报告进行审查,并完成施工配合比的审批。

9.3.2.4　土石方、混凝土、浆砌卵石工程监理措施

(1)监理工程师通过执行土石方分部工程开工批准制度,执行施工工序检验和开挖爆破、填筑作业许可制度,加强施工过程质量控制。

(2)监理工程师签发混凝土单元开仓证前对混凝土施工准备进行检查,混凝土根据实际采用的原材料进行配合比设计,并按普通混凝土拌和物性能试验方法等标准进行试验、试配,以满足混凝土强度、耐久性和工作性能(坍落度等)的要求。混凝土在运输过程中应保持混凝土的均质性,避免产生分离、泌水、砂浆流失、流动性减少等现象。

(3)浆砌石砌筑前,人工清除基面上部的杂物,若有积水,需将积水排尽。浆砌卵石石料采用砂石加工系统生产的特大石,挑选的石料上下两面平行且大致平整,无尖角、薄边,块厚适宜,表面无污垢、水锈等杂质。砌筑采用坐浆法,随铺浆随砌筑,所有石料均坐于新拌砂浆之上,在砂浆凝固前,将石料固定就位并用砂浆填满所有砌缝。浆砌石采用洒水养护,对砌体外露面在砌筑后 12~18 h 之内养护,保持外露面湿润,养护时间 7~14 d。

9.4　鱼道生态效益分析

生态环境关系民族发展兴衰,生态资源是否丰富、是否优质,将直接影响到区域甚至国家的发展。作为新时代生态文明理念下的流域骨干工程,大藤峡水利枢纽工程建设以"一中心(红水河珍稀鱼类保育中心)、双鱼道、双增殖站(枢纽区鱼类增殖站和库区来宾红水河珍稀鱼类增殖保护站)、五人造生境(人工产卵场和4处人工鱼巢)"为核心的水生

态保护工程体系,充分发挥大藤峡水利枢纽工程在流域中的区位优势,提升战略定位,在保障粤港澳大湾区水安全、支撑区域高质量发展和推进流域生态科技文化建设等方面全面发挥大藤峡水利枢纽工程不可替代的作用,为流域生态文明与幸福珠江建设提供坚实保障,在生态发展方面意义重大,其中双鱼道的生态效益具体体现在以下几个方面。

9.4.1　全年过鱼能力

双鱼道设计的核心在于汛期鱼道和非汛期鱼道的巧妙安排。根据蓄水位的不同,汛期和非汛期鱼道分别设有闸门,分别对应着蓄水位的 47 m 和 61 m。当蓄水位在 47 m 时,非汛期鱼道的闸门会被打开,允许水流通过。这样一来,当鱼类感应到水流的存在后,它们就能够顺着鱼道溯游而上,翻越大坝。这种安排保证了鱼类在全年都能够顺利通过水利枢纽,实现河流上下游间的连通。这在国内水利工程建设中是相当罕见的设计。这种双鱼道的设计考虑到了鱼类的迁徙需求和生态保护的重要性。通过提供汛期和非汛期两个不同的鱼道选项,鱼类可以根据蓄水位的变化来选择合适的通道,以实现顺利迁徙。此外,双鱼道的设计也为其他水生生物提供了更好的生态环境,促进了水生态系统的健康发展。总的来说,双鱼道的设计不仅解决了大藤峡水利枢纽工程建设中鱼类迁徙的难题,还保护了河流的生态完整性和生物多样性。这一设计的创新性和实用性将为国内水利工程建设提供宝贵的经验和借鉴。

9.4.2　生态环境显著改善

水利工程对于国民经济的持续稳定发展有着直接的保障作用,大藤峡水利枢纽工程作为重要的民生工程,和人们的日常生活有着密切关联。由于大藤峡水利枢纽工程规模比较大,所运用的施工技术也比较复杂,在贯彻落实可持续发展理念之余,大藤峡公司、新珠监理公司贯彻落实生态文明战略和绿色发展理念,践行"绿水青山就是金山银山",大藤峡水利枢纽工程在发挥防洪、航运、发电、补水压咸、灌溉等兴利除害作用的同时,将南木江河道治理区建设成为仿生态鱼道、生态湿地公园及鱼类保护科普基地,为社会提供更多的生态保护、文化传承、科普教育、景观塑造、旅游发展等综合服务功能,为生态文明和美丽中国建设做出贡献。建设前的南木江鱼道和建设后的南木江鱼道对比图如图9-3所示。

此外,为了修复红水河流域的水生态环境、维护河流的健康,各梯级单位共同努力成立了珠江流域红水河珍稀鱼类保育中心以及鱼类增殖站。这些保育中心和增殖站的建立旨在通过一系列的工作措施来保护、繁育和救护珍稀、濒危和特有鱼类,形成一个全方位、多角度的鱼类保护平台。珍稀鱼类保育中心将成为一个专门的机构,负责繁育、救护和保护珍稀、濒危及特有的鱼类物种。通过对这些珍稀鱼类的繁育工作,保育中心将为红水河流域的水生生态系统提供重要的支撑。此外,保育中心还将开展科研工作,研究鱼类的生态习性、保护需求等,为鱼类的保护提供科学依据。鱼类增殖站的建立旨在保护红水河水生生态系统的完整性和水生生物的多样性。由于大藤峡水利枢纽工程的存在,鱼类的迁徙和生态环境受到了一定的影响。鱼类增殖站将通过增殖鱼类的数量,增加鱼类种群的密度,从而缓解大坝对鱼类的影响。增殖站将采取合适的措施,如人工孵化、放流等,来增加鱼类的数量,并且会定期进行监测和评估,以确保增殖站的运营效果。这些保育中心和

(a)　　　　　　　　　　　　　　　(b)

图 9-3　南木江鱼道建设前后对比图

增殖站的建立将为红水河流域的水生生态系统提供重要的保护和恢复措施。通过共同努力,可以实现大藤峡水利枢纽工程的生态健康,并为红水河流域的可持续发展做出贡献。

9.4.3　工程废渣变废为宝,助力工程建设

大藤峡水利枢纽工程渣料堆场距离船闸开挖边坡很近,且渣料堆积较高,容易产生安全隐患。施工人员将堆场渣料充分利用,用于铺设鱼道,施工现场照片见图 9-4。废渣可以充分利用,避免了将其运往垃圾场的成本。铺设渣料鱼道比混凝土鱼道更容易施工和维护,因为废渣可以根据需要进行调整和更改,从而更好地适应河流环境的变化。此外,废渣鱼道可以为生态旅游和户外活动提供更好的场所,因为其天然的美观和自然环境吸引了更多的游客和爱好者。因此,将工程废渣用于铺设鱼道是一种可持续的方式,它不仅有助于解决安全问题和保护生态环境,还可以创造更多的经济和社会价值。

图 9-4　工程废渣铺设鱼道施工现场照片

10 施工进度控制

10.1 概 况

施工阶段的进度控制是水利工程建设进度控制的重点。做好施工进度计划与项目建设总进度计划的衔接,并跟踪检查施工进度计划的执行情况,在必要时对施工进度计划进行调整,对保证工程按期交付使用具有重要意义。施工阶段进度控制的总任务,是在满足水利工程建设总进度计划要求的基础上,编制或审核施工进度计划,并对其执行情况加以动态控制,以实现工程按期建成交付的总目标。

大藤峡水利枢纽工程进度控制基本工作如下:

(1)根据合同工期和调整的合同工期目标,编制和按期修订控制性工程进度计划与控制性网络进度计划,报请发包人审批后,作为发包人安排投资计划,物资、设备部门安排供应计划,设计单位安排设计供图计划,监理部安排监理人员工作计划和工程承包人安排资源投入计划的依据。

(2)按照工程承包合同的规定及时发布开工令、停工令、返工令和复工令等指令。

(3)监理过程中,根据控制性进度计划及分解工期目标计划,做好承包人年、季、月施工进度计划的审议,检查承包人劳动组织和施工设施的完善,以及劳力、设备、机械、材料等资源投入与动力供应计划。

(4)在确保工程安全、质量的前提下,通过审核月进度计划,对各个阶段,特别是施工阶段各个工序的进度目标跟踪管理。同时,采取事前进度控制、事中进度控制及事后进度控制措施,督促承包人采取有效的赶工措施或提醒承包人提前做好应对措施。对现场进度已经滞后的施工部位,督促承包人按照施工进度管理体系,采取一切有效的赶工措施赶进度,切实做到"以质量促进度、以安全促进度",保证进度计划目标的实现。

(5)现场施工中,督促承包人加大设备的维修、保养力度,确保设备的完好率;加大劳动力与资源的投入,精心组织施工,合理利用现有的设备以加快泄水箱涵、上下游导航墙及闸室底板混凝土施工进度,做好二期围堰和右岸厂房工程等关键项目的施工进度过程控制;进一步研究并制定各部位混凝土最优浇筑方案,为加快施工进度和质量创造有利条件。

(6)在砂石料系统工程生产运行阶段,按照制定的月混凝土浇筑计划组织成品砂石料生产供应。督促承包人加强生产系统运行维护,定期进行全面检修,保证成品砂石料生产质量和生产强度,为混凝土浇筑砂石骨料需求提供保障。

(7)针对施工条件的变化和工程进展,阶段性地向发包人提出调整控制性进度计划的建议。

10.2　施工进度影响因素

大藤峡水利枢纽工程施工条件复杂,存在诸多重点、难点,对如期完成施工目标造成了极大的挑战,主要包括:

(1)混凝土浇筑强度大。高峰时期月均混凝土浇筑强度约 12 万 m³,对进度控制的要求极高。

(2)地质条件复杂。工程区土质边坡地下水位高,且航道右侧高边坡存在斜向坡和顺向坡,边坡稳定性差。船闸基础岩溶发育,分布有较多的岩溶孔洞,有溶岩管道与江水连通的可能,基坑开挖可能产生大量的涌水,对基坑防渗、施工排水及基础处理的要求极高。

(3)暴雨降雨量及洪峰流量大,基坑抽排水和围堰安全度汛需高度重视。坝址区暴雨历时长,雨量大,汛期洪水峰高量大,历时长,出现防汛风险对工程正常施工的影响大,为此,必须高度重视工程施工排水、基坑经常性排水及安全度汛工作。

(4)混凝土质量控制难度大。船闸及主坝属于大体积常态混凝土浇筑,桂平地区夏季高温湿热,大体积混凝土和抗冲耐磨混凝土的温度控制是混凝土质量控制的重点之一。

(5)人字闸门安装质量控制难度大。下闸首人字闸门是目前全国最大的人字闸门,仅闸门总重就达到 2 590 t,安装施工难度大、强度高。

10.2.1　船闸工程

船闸工程主要包括上游引航道、下游引航道、闸室主体等关键部位,施工时均可进行平行作业施工,其中闸室主体工程持续时间最长,对工期影响最大,因此本部分主要对闸室主体进行施工进度影响因素的分析。由于各种因素的影响,船闸施工过程中存在赶工阶段,即工程开工至船闸通航阶段,赶工阶段的任务主要包括土石方开挖及缺陷处理、船闸主体部位及中控楼混凝土浇筑、金结机电安装及通航。

船闸通航后至完工阶段主要施工内容包括下引航道口门区围堰拆除及出口段水下石方开挖、船闸闸室顶栏杆及照明系统安装、上引航道边坡监测设施设计调整及缺陷处理、船闸照明系统安装与调试等尾工项目施工,其中船闸照明系统安装与调试最晚完成,其余项目可平行作业,且均在船闸照明系统安装与调试项目施工前完成,对合同实际完工日期无实质性影响,因此本部分主要分析船闸照明系统安装与调试对工期的影响。

10.2.1.1　土石方开挖及缺陷处理

根据投标工期计划安排,工程计划于 2015 年 9 月 1 日开始施工,预计于 2016 年 2 月 9 日完成,总工期为 162 d。然而,实际施工的开始日期为 2015 年 12 月 15 日,完工日期延迟至 2017 年 3 月 15 日,总工期达到了 456 d,船闸工程主体开挖现场照片如图 10-1 所示。在实际的施工过程中,由于非承包人原因造成了 294 d 的工期延误。以下是主要影响因素:

(1)部分部位施工用地移交和设计图纸提供不及时。根据投标计划工期安排,航下 0+700~航下 1+200 段施工用地应于 2015 年 9 月 1 日移交,因征地移民影响,实际于 2015 年 12 月中旬移交,导致船闸主体段下游下基坑道路部位开挖道路无法修建。同时,"船闸二期开挖图(航上 0+026~航下 0+700)"实际于 2015 年 11 月 20 日提供。受上述因素影响,船闸主体基坑开挖实际于 2015 年 12 月 15 日开工,影响工期 87 d。

(2)溶沟溶槽清理开挖及岩溶涌水处理难度大。根据开挖揭露的地质条件,船闸主体部位及事故门库坝段施工过程中因岩面线降低及溶沟溶槽发育等因素影响,为保证边坡安全及满足建基要求,两次对边坡进行扩挖,并据实对建基高程进行调整,土石方开挖工程量由招标文件 72.2 万 m³ 增加至 155.0 万 m³,工程量增加约 82.8 万 m³。边坡扩挖属薄层开挖,需多次甩渣,施工难度大、效率低,且基坑内因溶沟溶槽发育,淤泥与孤石相互充填,施工困难,施工降效明显。按投标文件每月强度 12.0 万 m³ 计算,在不考虑施工降效和涌水影响的情况下,需增加直线工期约 7.0 个月(207 d)。

图 10-1 船闸工程主体开挖现场照片

10.2.1.2 船闸主体部位及中控楼混凝土浇筑

根据投标工期计划安排,开工日期为 2016 年 3 月 1 日,完工日期为 2018 年 11 月 30 日,总工期 1 005 d;实际开工日期为 2016 年 11 月 19 日,完工日期为 2019 年 12 月 29 日,总工期 1 136 d。其中,实际施工过程中非承包人原因影响工期天数为 250 d,主要影响因素如下:

(1)自 2016 年 11 月 19 日船闸主体段首仓混凝土浇筑以来,对基础清理过程中揭露的溶沟溶槽逐个进行处理,直至 2017 年 2 月 9 日收到设计文件"下闸首右边墩溶槽(航下 0+312.72～航下 0+338.10)处理方案",至 2017 年 3 月中旬基础溶沟溶槽及填塘混凝土处理基本完成,历时约 4.0 个月,但基坑岩溶涌水及堵漏工作仍持续进行,制约闸室混凝土施工进度,至 2018 年 1 月 31 日混凝土浇筑才转入正常施工。故溶沟溶槽处理致使主体结构混凝土工期延长 4.0 个月(120 d)。岩溶涌水及堵漏影响工期 11.5 个月。

(2)台风及强雷暴天气影响。2017 年 7 月 2 日超标暴雨(24 h 内降雨 274.4 mm)及数次台风影响工期 32 d。

(3)为优化坝顶交通,上闸首左边墩与下闸首右边墩增设牛腿结构,此设计变更影响上闸首工期 19 d,影响下闸首工期 22 d。

(4)根据开挖揭露的地质条件,船闸主体部位及事故门库坝段建基面高程降低,导致混凝土工程量及分块分层数量增加,影响工期 76 d。

10.2.1.3　金结机电安装及通航

根据投标工期计划安排,开工日期为2018年12月1日,完工日期为2020年2月15日,总工期470 d;按照承包人提交的工期分析报告审核实际开工日期为2018年12月5日,完工日期为2020年3月31日,总工期482 d。其中,实际施工过程中非承包人原因影响工期天数为207 d。

(1)由于设计变更原因混凝土浇筑进度未能及时达到金结安装条件,下闸首金属结构安装完成的节点目标相应顺延20 d,下闸首人字门安装首要部件蘑菇头延迟供货影响工期151 d,共计影响工期171 d。其余金结安装包括上闸首输水系统检修门及埋件安装、上闸首人字门及埋件安装、输水廊道充水、泄水阀门及埋件安装,在实施过程中与下闸首人字门及埋件安装进行平行作业,且实际完成时间在下闸首人字门及埋件安装工程完成前完成,对整个通航节点工期无影响,因此不考虑纳入工期分析范围。

(2)船闸有水调试完成,船闸工程具备通航条件。"施工现场确认单"确认船闸有水调试完成时间为2020年3月25日,实际工期为10 d;根据投标工期计划安排,船闸有水调试工期为31 d,实际工期较投标缩短21 d,主要是由于人字门液压启闭机及反弧门铰支座供货时间延迟导致,因此审核按影响工期21 d考虑。

(3)全国性不可抗力事件新冠病毒感染疫情的影响。按照广西壮族自治区防疫要求,新冠病毒感染疫情Ⅰ级响应期间应停工,工期予以顺延,影响时间从2020年1月24日起至2020年2月24日止,工期应顺延31 d。但在大藤峡公司周密部署和参建各方共同努力下,船闸主体工程在新冠病毒感染疫情Ⅰ级响应期间不停工,疫情防控和项目建设两手抓,申请工期整体顺延15 d。

10.2.1.4　船闸照明系统安装与调试

船闸照明系统安装包括相关设备安装调试、电缆桥架安装、动力及控制电缆敷设、照明灯具设备安装等内容,其中照明灯具设备安装最后完成,于2020年1月25日开始施工,历时8个月,于2021年9月13日完成照明系统安装与调试,并验收合格,至此船闸合同工程全部完工。

合同中船闸工程施工关键路线如下:

船闸主体部位土石方开挖→船闸主体部位(上下闸首及闸室)混凝土浇筑→船闸中控楼浇筑→船闸闸门及启闭机安装及无水调试→船闸上下游引航道内预留岩埂拆除→船闸上下游引航道内预留岩埂占压段护坡混凝土浇筑→船闸有水系统联合调试,具备通航条件→现场清理及竣工资料整理→本合同工程全部完工。

实施期关键路线如下:

船闸主体部位及事故门库坝段土石方开挖→基坑溶沟溶槽及岩溶涌水处理→船闸主体部位(上下闸首及闸室)及事故门库坝段混凝土浇筑→船闸金结机电,船闸上下游引航道内护坡混凝土,船闸中控楼→无水、上游锚地→下游引航道进(出)水口围堰拆除→船闸有水系统联合调试,具备通航条件→闸(墙)顶栏杆施工→船闸照明系统安装与调试→本合同工程完工。

10.2.2　黔江副坝工程

黔江副坝工程计划于 2016 年 6 月 1 日开工,2019 年 4 月 30 日完工,工期 35 个月。黔江副坝工程实施过程中受施工用地移交滞后、设计优化调整、施工部位被占压、设备采购安装、新冠病毒感染疫情等因素影响,造成总体施工进度滞后,主要情况如下:

(1)因施工用地移交滞后,黔江副坝工程实际于 2016 年 11 月 25 日开工,工程开工滞后影响工期 177 d。

(2)左岸厂坝标至渣场道路持续占压黔江副坝坝基开挖施工部位,占压黔江副坝施工部位 457 d。

(3)黔江副坝设计图纸经多次优化调整。

(4)全国性不可抗力事件新冠病毒感染疫情的影响。

合同中黔江副坝工程施工关键路线为:土石方开挖→塑性混凝土防渗墙、帷幕灌浆→防渗墙墙帽混凝土→坝体填筑至防浪墙底→防浪墙混凝土→剩余坝体填筑→迎水面护坡混凝土→路面级配碎石垫层料填筑→坝顶路面混凝土。

黔江副坝工程实际施工关键路线为:土石方开挖→坝体一期填筑至 47.6 m 高程→塑性混凝土防渗墙→墙下帷幕灌浆→防渗墙墙帽混凝土→剩余坝体填筑→上游面景观平台填筑→迎水面护坡混凝土→电缆沟兼防浪墙混凝土→路面 4%水泥稳定粒料底基层→路面 6%水泥稳定粒料基层→坝顶路面混凝土→坝顶照明系统。施工现场照片如图 10-2所示。

图 10-2　黔江副坝工程施工现场照片

10.2.3　南木江副坝工程

南木江副坝工程计划于 2016 年 1 月 1 日开工,2019 年 4 月 30 日完工,工期 40 个月。南木江副坝工程实施过程中受施工用地移交滞后、设计优化调整、设备采购安装、新冠病毒感染疫情等因素影响,造成总体施工进度滞后,主要情况简述如下:

（1）因施工用地移交滞后,南木江副坝工程实际于2016年9月25日开工,工程开工滞后影响工期268 d。

（2）南木江副坝黏土心墙石渣坝段施工用地移交滞后295 d。

（3）南木江副坝生态流量及灌溉取水口坝段施工用地移交滞后174 d。

（4）南木江鱼道施工用地移交滞后82 d。

（5）南木江河道治理施工用地移交滞后295 d。

（6）南木江河道治理设计图纸经多次优化调整。

（7）全国性不可抗力事件新冠病毒感染疫情的影响。

合同中南木江副坝工程施工关键路线为:南木江副坝上下游围堰填筑→坝基土石方开挖→压浆板混凝土→坝基固结灌浆和帷幕灌浆→坝体填筑至防浪墙底→防浪墙混凝土→剩余坝体填筑→迎水面护坡混凝土→路面级配碎石垫层料填筑→坝顶路面混凝土。

南木江副坝工程实际施工关键路线为:南木江副坝上下游围堰填筑→坝基土石方开挖→压浆板混凝土→坝基固结灌浆和帷幕灌浆→坝体填筑→迎水面护坡混凝土→电缆沟混凝土→防浪墙(栏杆)混凝土→路面4%水泥稳定粒料底基层→路面6%水泥稳定粒料基层→坝顶路面混凝土→南木江生态鱼道表层结构施工→南木江与紫荆河汇合口疏通→坝顶照明系统。施工现场照片如图10-3所示。

图10-3　南木将副坝工程施工现场照片

10.3　监理工作内容

10.3.1　进度控制工作内容

（1）通过制定施工总进度计划编制要求,规范承包人施工总进度计划的报送。

（2）依据合同文件、规程规范和设计要求,审批承包人报送的施工总进度计划,确保施工总进度计划的响应性、符合性、可行性、合理性和协调性。

(3)依据施工合同约定和批准的施工总进度计划,审批承包人报送的年、季、月施工进度计划,确保施工年、季、月施工进度计划的响应性、符合性、可行性、合理性和协调性。

(4)对施工进度计划实施情况进行过程检查,对实际施工进度出现的偏差进行调整和纠偏,确保实施进度满足合同要求。

(5)审阅施工月报、年报,编报监理月报,必要时编报进度专题报告,及时向业主单位反馈进度控制相关信息。

10.3.2　进度控制技术要求

10.3.2.1　施工总进度计划

(1)监理部在合同工程开工前依据施工合同约定的工期总目标、阶段性目标和发包人的控制性总进度计划,制定施工进度计划的编制要求并书面通知承包人。

(2)施工总进度计划的审批程序应符合下列规定:

①承包人应按施工合同约定的内容、期限和施工总进度计划的编制要求,编制施工总进度计划,报送监理部。

②监理部应在施工合同约定的期限内完成审查并批复或提出修改意见。

③根据监理部的修改意见,承包人应修正施工总进度计划,重新报送监理部。

④监理部在审查中,可根据需要提请发包人组织设代机构、承包人、设备供应单位、征迁部门等有关方参加施工总进度计划协调会议,听取参建各方的意见,并对有关问题进行分析处理,形成结论性意见。

(3)施工总进度计划审查主要包括以下内容:是否符合监理部提出的施工总进度计划,编制要求;施工总进度计划与合同工期和阶段性目标的响应性与符合性;施工总进度计划中有无项目内容漏项或重复的情况;施工总进度计划中各项目之间逻辑关系的正确性与施工方案的可行性;施工总进度计划中关键路线安排的合理性;人员、施工设备等资源配置计划和施工强度的合理性;原材料、中间产品和工程设备供应计划与施工总进度计划的协调性;本合同工程施工与其他合同工程施工之间的协调性;用图计划、用地计划等的合理性,以及与发包人提供条件的协调性;其他应审查的内容。

10.3.2.2　分阶段、分项目施工进度计划控制

监理部要求承包人根据合同约定编制施工进度计划,并在监理部的审批下实施。根据进度控制需要,监理部可要求承包人编制季、月施工进度计划,以及单位工程或分部工程施工进度计划。

10.3.2.3　施工进度检查

监理部检查承包人是否按照批准的施工进度计划组织施工,分析实际施工进度与施工进度计划的偏差,重点分析关键路线的进展情况和进度延误的影响因素,并采取相应的监理措施。

10.3.2.4　施工进度计划调整

当实际施工进度与进度计划有实质性偏差时,监理部要求承包人分析原因并修订进度计划,并在审查后批准执行。同时,如果进度计划的调整涉及总工期目标、阶段目标的

改变或资金使用有较大的变化,监理部需要向发包人提出审查意见,并经其批准后执行。

10.3.2.5　签发暂停施工指示

(1)当工程继续施工对公共利益会造成损害,为保证工程质量、安全所必要及承包人因违约行为对工程建设产生严重影响时,监理部应提出暂停施工的建议。

(2)监理部认为发生了应暂停施工的紧急事件时,应立即签发暂停施工指示,并及时向发包人报告。

(3)监理部在以下情况可以签发暂停施工指示,并抄送发包人:发包人要求暂停施工,承包人未经许可进行主体工程施工,承包人未按照批准的施工图纸进行施工,承包人拒绝执行监理部指示可能带来工程质量问题或安全事故隐患,承包人未按照批准的施工组织设计或施工措施计划施工以及承包人使用不合格的设备、材料或发现工程设备不合格等。

(4)监理部应分析停工后可能产生影响的范围和程度,确定暂停施工的范围。

10.3.2.6　暂停施工指令处理

发包人在收到监理部提出的暂停施工建议后,应在施工合同约定时间内予以答复;若发包人逾期未答复,则视为其已同意,监理部可据此下达暂停施工指示。若由于发包人的责任需暂停施工,监理部未及时下达暂停施工指示,在承包人提出暂停施工的申请后,监理部应及时报告发包人并在施工合同约定的时间内答复承包人。监理部应在暂停施工指示中要求承包人对现场施工组织做出合理安排,以尽量减少停工影响和损失。

10.3.2.7　下达暂停施工指示后的处理程序要求

(1)指示承包人妥善照管工程,记录停工期间的相关事宜。

(2)督促有关方及时采取有效措施,排除影响因素,为尽早复工创造条件。

(3)具备复工条件后,监理部应明确复工范围,及时签发复工通知,指示承包人执行。

(4)在工程复工后,监理部应及时按施工合同约定处理因工程暂停施工引起的有关事宜。

10.3.2.8　施工进度延误管理

(1)由于承包人的原因造成施工进度延误,可能致使工程不能按合同工期完工的,监理部指示承包人编制并报审赶工措施报告。

(2)由于发包人的原因造成施工进度延误,监理部应及时协调,并处理承包人提出的有关工期、费用索赔事宜。

10.3.2.9　其他

(1)发包人要求调整工期的,监理部指示承包人编制并报审工期调整措施报告,经发包人同意后指示承包人执行,并按照施工合同约定处理有关费用事宜。

(2)监理部审阅承包人按施工合同约定提交的施工月报、施工年报,并报送发包人。

(3)监理部在监理月报中对施工进度进行分析,必要时提交进度专题报告。

10.4　赶工措施

大藤峡水利枢纽工程施工实施过程中除工程本身的难度外,还因工程筹建期和准备期、主体工程施工期重叠,外加施工场地移交滞后、溶沟溶槽及岩溶涌水处理、部分图纸供应滞后、甲供设备滞后、设计调整、台风及强雷暴天气、新冠病毒感染疫情等原因影响,造成总体施工进度滞后。为此,施工单位和监理部采取一系列赶工措施,减少各工序的衔接影响,缩短关键项目的合同工期,最终在 2020 年 3 月 31 日如期实现了船闸通航节点目标。

10.4.1 保证基坑抽水供电

黔江流域地处我国低纬度地带,属亚热带季风气候区,夏季高温湿热,暴雨频繁。考虑汛期岩溶涌水增加、降雨叠加等影响,船闸主体部位应具备 15 000 m³/h 抽排水能力,同时基坑须具备 7 500 m³/h 备用抽水能力,为确保大藤峡船闸工程安全度汛,另须储备容量为 7 500 m³/h 抽水设备。

针对工程安全度汛要求,对船闸主体部位基坑现有抽排水设施进行改扩建。改扩建共布置 4 个抽排水泵站,10 趟主排水钢管。船闸泄水箱涵布置 2 个抽排水泵站,航下 0+630 处基坑底部 1# 集水池布置 1 个抽排水泵站,厂坝尾水渠处 2# 集水池布置 1 个抽排水泵站。合计布置 42 台水泵,其中船闸主体部位基坑抽排水水泵数量为 30 台,额定排水能力合计 22 610 m³/h,满足船闸主体部位基坑度汛期间抽排水强度 22 500 m³/h 抽排水能力要求。

大藤峡水利枢纽工程业主单位建设 110 kV 开关站,采用单电源供电,通过 2 台变压器提供两回 10 kV 电源,通过 10 kV 母联柜互为备用。施工单位自 110 kV 变电站 10 kV 两回电源分别引出 907#、909#、917#、919# 线路,向整个工区提供施工、抽水和生活用电。其中,909# 线路由施工单位为保证基坑抽水用电需要自行建设,909# 和 919# 线分别主要承担左、右岸各抽水设备的供电。通过在观礼台设置"隔离刀闸-真空断路器-隔离刀闸"的开关组,形成 2 条线路互为备用。

在线路正常情况下,2 条线路独立运行,当其中一路出现故障且短期无法恢复时,通过倒闸操作将发生故障线路退出,其供电负荷由另一路承担。

当 110 kV 变电站检修或故障时,为确保基坑抽水正常用电需要,施工单位新建一条备用专线(农网银兔线)。若 110 kV 变电站出现故障且短期无法恢复时,将农网银兔线通过倒闸操作接入 919# 线,形成外部电网间的互为备用,提高基坑抽水用电的可靠性和快速性。

在工区所有 10 kV 系统停电情况下,为保障船闸基坑抽水可靠供电和施工保安电源,船闸工区设置 2 台 800 kW、3 台 1 200 kW 和 2 台 250 kW 应急柴油发电机,其中 1 台 800 kW 和 2 台 250 kW 发电机用作施工用电保安电源,其他用作基坑抽水专用电源。

10.4.2 砂石料系统增容

大藤峡船闸工程采用距黔江下游 40 km 天然骨料场,江口料场可开采储量距大藤峡水利枢纽工程毛料设计需求量有 208.53 万 m³ 缺口,如考虑禁采区影响,缺口达 510.33 万 m³。根据试验数据,料场各级骨料比例与投标文件变化很大,呈现大粒径骨料比例大幅增多,小粒径骨料比例大幅减少的特点。为应对此种不利局面,保障系统生产,施工单位利用江口料场多余的大粒径骨料(>80 mm)进行破碎,对大石、中石、小石、砂进行补充,从而减少料源总储量缺口,减少加工损失并免去级配弃料如何堆存的问题。因此,特补充增加破碎料大石、破碎料中石生产环节,预留破碎料小石生产工艺。

砂石料岩性为红砂岩,红砂岩的特性是颗粒细小、质硬、脆,筛分时会过滤掉大部分,筛分后石粉含量低于15%,优于现有规范。

为满足大藤峡水利枢纽工程建设高峰期砂石骨料的供应要求,对加工系统进行增容改造工作,增容改造后的系统生产能力满足每月25万m² 混凝土浇筑的供料需求,系统处理能力达到89.85万t/月,毛料处理能力达到2 567 t/h,与原合同中要求的1 840 t/h的生产能力比较需增加1.4倍。

由于骨料需求强度增加,按招标文件要求的骨料需求强度设计的料仓容积已不能满足需求强度增加后的库容要求,在现有场地条件及系统布置条件下,无法增加成品料仓容积,也无法将多余的粗骨料通过在一筛架设胶带机运往其他备用系统堆存,必须经过中细碎、二筛筛分后通过胶带机运至备用系统堆存,因此施工单位增加了人工破碎粗骨料生产工艺。

增容后,砂石加工系统仍由左岸坝下毛料临时码头、左岸坝下毛料堆存场、第一筛分车间、中碎车间、细碎车间、第二筛分车间、立轴制砂车间、棒磨制砂车间等组成。具体流程如下:

江口天然料经胶带输送机输送至左岸坝下毛料堆存场,随后经胶带机输送至第一筛分车间。一筛处理能力需要由1 840 t/h提升至2 567 t/h,为满足处理要求,将2YK2460振动筛更换为重型振动筛2YKRH3060 h。

毛料经筛分分级后,粒径80~150 mm、40~80 mm、20~40 mm、5~20 mm骨料经不同胶带机进入成品骨料仓,粒径小于5 mm骨料进入天然砂成品仓。粒径大于80 mm块石满足入仓需要后进入中碎车间破碎,粒径40~80 mm块石满足入仓需要后送往细碎车间破碎。

第二筛分车间处理能力由571 t/h增加到1 358.80 t/h,需增加2台3YKR2460圆振动筛,筛分分级后,粒径大于40 mm块石进入细碎车间料仓堆存。粒径5~20 mm块石依次进入超细碎车间料仓堆存。粒径小于5 mm骨料进入成品砂仓堆存。为满足极端不均衡生产状态要求,部分20~40 mm骨料作为破碎料中石经胶带机进仓堆存,部分粒径40~80 mm骨料作为破碎料大石通过新增的冲洗筛ZKR1233冲洗后经胶带机进仓堆存。二筛料仓布置3条地弄(新增1条地弄)。

超细碎车间处理能力由1 357 t/h增加到1 891.73 t/h,原设计5台B9100立轴式冲击破碎机(单机处理能力为360 t/h)已不能满足处理要求,因此增加4台B9100立轴式冲击破碎机,第三筛分车间对应增加4台2 618 VM高频筛。立轴式冲击破碎机与第三筛分车间形成闭路,超细碎料仓物料分别经胶带机进入超细碎车间破碎,破碎后分别进入第三筛分车间筛分。筛分分级后,成品砂进入成品砂仓堆存,满足成品砂仓进仓外,粒径3~5 mm骨料与部分大于5 mm的骨料进入制砂原料仓堆存。剩余骨料依次返回超细碎料仓。超细碎料仓布置9条地弄(新增4条地弄)。

棒磨车间并排布置6台MBZ2136棒磨机,制砂原料仓物料经胶带机进入棒磨机制砂,破碎后的砂子经XL-762螺旋分级机分级、ZSG1233直线脱水筛脱水后,成品砂进入成品砂仓堆存。

10.4.3 加快混凝土浇筑进度

根据投标文件,船闸主体部位混凝土浇筑施工时段为 2016 年 3 月 1 日至 2018 年 9 月 30 日,事故门库坝段混凝土浇筑施工时段为 2016 年 3 月 1 日至 2018 年 3 月 31 日。现场实施过程中,因征地移民、复杂地质条件、地质缺陷、基坑岩溶涌水、设计变更调整、设计供图及作业面占压等因素影响,船闸主体部位建基面以下溶沟、溶槽直至 2017 年 3 月 31 日方才基本揭露、处理完成,开始进行基岩面清理及岩溶涌水治理,岩溶涌水持续影响直至 2017 年 10 月。受上述诸多因素影响,船闸主体部位及事故门库混凝土施工进度无法按投标文件实施。同时,为早日启动混凝土浇筑,船闸主体部位混凝土根据溶沟、溶槽处理情况,采用分区、分块方式进行浇筑。

由于船闸主体部位混凝土开始浇筑时间滞后较多,施工单位加大混凝土浇筑强度,按照月高峰强度(11 万 m^3/月)生产混凝土。为提高混凝土生产能力,满足船闸、副坝高峰期混凝土浇筑强度,除按照原合同要求选用 2 座拌和楼外,施工单位自行新建 1 座生产能力为 120 m^3/h 的拌和楼。

根据招标文件要求,拌和楼应能拌制 4 级混凝土,最大骨料粒径 150 mm,预冷混凝土出机口温度为 11 ℃。根据混凝土施工进度安排及现场实际情况,混凝土浇筑高峰期均处在年高气温时段,原投标的混凝土出机口温度 11 ℃ 的标准已无法满足混凝土浇筑的温控要求,根据施工计划的调整,要求出机口温度为 7~9 ℃,为满足温控及月高峰强度的要求,对混凝土生产系统及其他与混凝土温控相关的环节进行改造。改造内容主要包括:骨料输送系统改造、一次风冷料仓扩建、制冷系统改造、拌和楼储料罐改造、电气系统改造、拌和楼的隔热改造、运输车辆保温改进、仓面喷雾措施改进、船闸混凝土二期通水冷水机组增加,以及其他相关配套设施改造。

除控制出机口温度,混凝土温控措施还包括:

(1)控制浇筑块最高温升。为防止浇筑过程中的热量倒灌,需加快混凝土的运输、吊运和平仓振捣速度。尽量避免高温时段浇筑混凝土,应充分利用低温季节和早晚及夜间气温低的时段浇筑。

当仓内气温高于 25 ℃ 时,采取喷雾机进行仓面喷雾,喷雾时水分不应过量,要求雾滴直径达到 40~80 μm,以防止混凝土表面泛出水泥浆液。混凝土面覆盖隔热被:在混凝土浇筑过程中,加强表面保湿保温措施,随浇随覆盖保温被,振捣完成后及时覆盖隔热保温被。混凝土表面防晒保温采用 40 mm 厚聚乙烯保温被。

(2)混凝土运输过程中的温控措施。在混凝土运输过程中,在运输车辆顶部搭设遮阳棚,避免阳光直射使混凝土料升温。运输车车厢及吊罐侧壁喷涂聚氨酯,并定期采用凉水冲洗车厢及吊罐,减少温度回升。

(3)控制浇筑层厚及间歇期。在满足浇筑计划的同时,应尽可能采用薄层、短间歇、均匀上升的浇筑方法。浇筑层厚,应根据温控、浇筑、结构和立模等条件选定。基础约束区和老混凝土约束部位浇筑层厚为 1.5 m,脱离约束区浇筑厚度不大于 3.0 m,局部位置根据结构适当调整。控制混凝土层间间歇期。上下层浇筑间歇时间宜为 5~10 d;当上下层浇筑层间歇时间超过 28 d 时,下层混凝土按照老混凝土处理。

（4）做好混凝土养护和表面保护。混凝土浇筑完毕后，及时进行养护。采用人工洒水养护方式，配置专人负责。

（5）通水冷却。按照设计要求做好通水冷却工作，并足量配置冷水机站，合理规划布置冷却水供水管网，确保安全、可靠、及时地提供冷却所需制冷水。在通水冷却过程中，加强混凝土内部温度检测，及时掌握混凝土温度变化情况，并根据实际情况及时调整供水量及水温等指标，确保混凝土温度变幅满足设计要求。

（6）建立健全施工管理体系和温度控制管理体系。编制混凝土温控方案及作业指导书，规范并指导现场温控作业；成立混凝土温控小组，负责混凝土温控措施的实施及特殊情况处理等；实行混凝土温度控制及主要温控指标预警预控制度，严格仓面工艺设计和施工管理。

（7）与当地气象部门、业主相关部门加强沟通，做好水文气象预报工作，以便在气温骤变或其他情况下，及时采取措施进行混凝土表面防护或孔洞封堵等工作。

混凝土浇筑期间，监理部严格实施旁站监理，每天排查上报混凝土浇筑量，检查仓位安排是否合理，对不合理的安排及时进行调整。2017 年恶劣天气期间，为保证混凝土正常浇筑工作，监理部实行 24 h 旁站，由副总监理工程师及以上职务人员带队旁站，以便立即解决现场出现的问题，免去烦琐的上报程序。

10.5　右岸工程进度控制

10.5.1　进度计划安排

大藤峡右岸厂坝工程主要包括右岸施工准备工程、右岸泄水坝段及其附属工程、右岸厂房及其附属工程、鱼道工程、二期导流工程和其他工程等。合同工程开工时间为 2019 年 5 月 20 日，计划完工时间为 2023 年 12 月 31 日，合同施工总工期约 55.3 个月，节点控制性计划安排详见表 10-1。

表 10-1　节点控制性计划安排

项目	施工时间或完工节点时间
工程开工时间	2019 年 5 月 20 日
戗堤预进占及截流	2019 年 10 月 1 日至 2019 年 11 月下旬
二期戗堤子堰防渗处理工程	2019 年 11 月 1 日至 2020 年 1 月 31 日
二期上下游围堰加高填筑	2019 年 12 月 1 日至 2020 年 4 月 30 日
二期上下游围堰拆除	2022 年 5 月 1 日至 2022 年 11 月 30 日
碾压混凝土纵向围堰拆除工程	2022 年 5 月 1 日至 2023 年 7 月 31 日
右岸泄水闸土建工程	2020 年 1 月 1 日至 2022 年 5 月 31 日
闸门及启闭系统安装、调试（无水）完成，泄水坝段具备挡水和泄水条件	2022 年 5 月 31 日

续表 10-1

项目	施工时间或完工节点时间
右岸挡水坝段工程	2020 年 1 月 1 日至 2022 年 3 月 31 日
右岸厂房土建工程	2020 年 1 月 1 日至 2021 年 12 月 31 日
右岸安装间封顶完成	2021 年 12 月 31 日
1#~5#机主厂房封顶	2022 年 2 月 28 日至 2022 年 6 月 30 日
第一台机组安装交面	2021 年 12 月 31 日
第一台机组安装完成	2022 年 12 月 31 日
第二台机组安装完成	2023 年 3 月 31 日
第三台机组安装完成	2023 年 6 月 30 日
第四台机组安装完成	2023 年 9 月 30 日
第五台机组安装完成	2023 年 12 月 31 日
工程完工	2023 年 12 月 31 日

10.5.2　进度控制措施

10.5.2.1　技术措施

（1）重点对施工单位年、月施工进度计划进行审查，对关键线路上的施工项目加强现场监督和管理，加快关键线路施工项目的施工进度。

（2）在确保施工质量的基础上，适当缩短关键项目的工艺时间和间歇期，压缩关键线路施工项目的施工历时。

（3）运用进度分析软件对施工进度计划进行分析、跟踪和评价，提高进度计划控制的工作效率。

10.5.2.2　组织措施

（1）在组织机构中设置综合组，选派工程进度控制经验丰富，具有较高的协调能力和工程管理水平的进度控制工程师负责进度控制工作。

（2）督促施工单位建立以进度控制为主线的强有力的现场管理机构，狠抓施工进度计划的落实，科学、合理地投入和调配资源，促进施工管理水平的提高，确保工程施工的顺利进展。

（3）密切关注关键线路上各项目的施工进展情况，及时发现、协调和解决影响工程进展的干扰因素，并逐日做好检查和落实工作。

（4）定期召开月进度例会或专题会议，及时协调解决施工中影响施工进展的各种因素，以关键线路上的控制目标的实现促使总进度目标的实现。

10.5.2.3　经济措施

（1）按合同相关要求，以右岸主体工程关键考核节点为基础，按时对施工进度计划落实情况和施工进度关键控制目标的考核，以调动施工单位现场工作人员的工作积极性。

（2）按合同要求及时确认和办理现场新增项目变更，依据"公正、独立、自主"原则，促使施工单位所要求的合理费用得以及时补偿。

10.5.2.4　其他措施

组织参建各方召开右岸工程生产早会，及时协调和解决现场施工过程中的问题；组织参建各方开展右岸厂坝工程目标完成情况现场碰头会；进行现场督查，确保工程施工顺利进展。

10.6　施工进度评价

在施工地质条件复杂且相关外部不可抗力因素的影响下，大藤峡水利枢纽工程施工进度有所滞后，基于此，施工单位及监理部勠力同心，多次会商分析总体工期，优化调整控制性节点，优化施工方案，并采取一系列赶工措施组织多工作面平行作业，包括大量增加施工资源投入，采用先进的施工方法和强有力的管理措施，最终在2020年3月31日按期完成船闸通航建设形象进度任务，如期按调整的节点目标实现船闸通航。

与计划的工期对比，船闸工程计划于2015年9月1日开工，2020年2月19日完工。船闸工程实际于2015年12月15日开工，2020年3月15日船闸开始充水，2020年3月31日船闸试通航成功，2020年4月1日船闸正式试通航，2021年9月13日船闸工程完工，最终总工期为71.8个月。

黔江副坝工程计划于2016年6月1日开工，2019年4月30日完工，工期35.0个月。实际于2016年11月25日开工，2020年2月16日完成副坝坝体填筑施工，至此，黔江副坝主体结构工程施工完成。受各种因素影响，黔江副坝工程于2021年7月31日完工，工期56.2个月。

南木江副坝工程计划于2016年1月1日开工，2019年4月30日完工，工期40个月。实际于2016年9月25日开工，2019年12月20日完成副坝迎水面面板混凝土浇筑施工，至此，南木江副坝主体结构工程施工完成。受各种因素影响，南木江副坝工程至2021年8月28日完工，工期59.1个月。

11　总结与展望

11.1　总结与体会

11.1.1　监理总结

在大藤峡水利枢纽工程施工监理过程中,监理部的作用包括提高建设工程投资决策科学化水平、规范工程建设参与各方的建设行为、促进承包单位保证建设工程质量和使用安全,以实现建设工程投资效益最大化。监理部采用多种举措,促进监理工作规范化和完善监理部体系建设,深化施工监理认识,建立监理工作质量体系,以确保管理责任的有效落实和项目合同目标的实现。

11.1.1.1　完善监理部体系建设是保证监理质量的前提之一

监理组织机构的设置必须适应工程建设的需要,以发挥监理作用、促进工程建设的进展为前提,并把好工程质量关。针对大藤峡水利枢纽工程特点,监理部采用总监理工程师负责制,分段设置、分区负责、专业协作、统一协调等直线职能式监理组织形式来开展监理活动。此外,现场的监理工作和质量管理实行一岗双责,以此确保监理的服务质量及所监理项目的工程质量。

监管机制的完善可指导施工监理工作更科学规范地进行,同时能够防止涉及监理过程行为不规范问题的发生。为了实现监理工作的各项措施,监理部完善了监理部体系建设,并编制了一套完整的工程监理相关制度文件、程序文件、工作手册、质量管理控制程序、执行标准清单、强制性条文实施计划、关键工序和隐蔽工程旁站方案、监理平行检测计划、工程相关表格、单元工程评定相关表格、监理规划、监理实施细则等。同时,监理部建立了监理部考核办法和质量终身制档案。

11.1.1.2　多方举措促进监理工作规范化

监理部在项目总监理工程师的领导下,根据承监项目工程进展和监理部实际情况,结合"水利工程补短板、水利行业强监管"的水利改革总基调,依据《水利部监督检查办法问题清单(2020年版)》和《水利工程建设质量与安全生产监督检查办法(试行)》,通过采取以下措施,切实做好"四控两管一协调"工作,履行好合同各项权利和义务:

(1)根据承监各项目工程的进展情况,不断完善和更新监理部体系文件,不定期对监理部各管理体系进行情况检查,确保有效运行。

(2)根据监理部人员配置情况和各项目施工进展,合理调配监理人员工作岗位和职责分工,并做好工作交接和转岗培训工作,确保全方位做好监理服务工作。

(3)加强内部沟通协调,每周定期召开内部周例会,对上周监理工作进行检查总结,对下周监理工作进行部署,协调监理部内部事宜,确保规范、有序、高效开展监理工作。

（4）按照年度培训计划，及时组织开展内部培训工作，进一步提交监理人员综合业务水平，提交监理服务质量。

（5）加强工程档案资料的搜集、整理和归档工作，规范做好监理过程管控留痕（包括照片、视频、文件等）。

（6）采取早会、周碰头会、月生产建设计划会、专题会议、考核奖惩、旁站和现场检查、检测等手段，及时协调和处理现场存在的各类问题，分析进度计划实施情况，并及时采取有效纠偏措施，顺利完成了业主下达的年度生产任务目标。

（7）定期或不定期组织对承包人各相关保障体系运行情况进行检查，提出整改措施和建议，督促承包人各相关保障体系的有效运转。

（8）定期和不定期组织开展现场安全和质量检查，监理过程严格执行"三检"及验收制度，严格按照合同文件对工程施工质量、施工安全、工程量计量、工程款支付、变更或索赔、工程目标控制实施监理，确保工程安全及符合质量标准，顺利完成发包人年度投资目标，且工程资金审批符合合同文件约定，未发生合同纠纷和安全、质量事件。

通过以上措施，监理部有效开展了"四控两管一协调"工作，顺利完成了业主制定的年度质量、安全、进度和投资任务目标，且工程资金审批符合合同文件约定，未发生合同纠纷和安全、质量事件。尤其是在船闸工期滞后近8个月的情况下，监理部成功实现了船闸试通航节点目标和左岸一期下闸蓄水、首台机组发电建设形象进度目标，同时被大藤峡公司授予"攻坚先进集体"的称号。

11.1.1.3　提高监理人员素质，深化施工监理认识

为加强质量管理工作，落实质量管理责任，监理部成立了质量管理小组及工作组，由正、副总监理工程师担任组长，全面领导和组织监理部质量管理活动。本着"百年大计、质量第一"的方针和"创精品工程"的建设目标，监理部精心组织和管理工作，通过对工序质量的全过程、全方位跟踪监督以及及时解决施工中存在的质量问题，确保各单元工程的施工质量，以满足设计要求、合同规定和国家颁发的工程质量检验评定标准。

为了深化施工监理的重要性认识，并将其转化为实际行动，监理部在实际工作中做好了一系列前期准备工作，为监理作业的有序、高效进行奠定了良好基础。具体包含：

（1）加强合同监管，合同是工程建设的重要基础，监理人员要在开展工作之前对签订的合同进行全面细致的分析，尤其是针对水利工程施工的关键内容，除要进行整体分析以外，还要保证施工内容符合相关规定与要求。

（2）原材料质量检测。大藤峡船闸工程所用钢筋、水泥、粉煤灰、外加剂及骨料等各种原材料均为业主统供材料，监理人员对施工实验室资质进行审核后才允许进行相应的检测工作。监理人员对原材料进行平行检测，对于出现的不合格材料，禁止进入施工现场。

（3）科学施工组织，严格审查施工单位提交的施工方案，督促施工单位严格按照施工组织计划进行操作。

11.1.1.4　建立监理工作质量体系，确保管理责任的有效落实

为实现项目监理的总体目标，大藤峡监理部根据工程特点和监理规范的要求，建立了一系列监理工作制度和监理管理制度。同时，制定了新珠监理公司大藤峡监理部考核办法、监理部监理工作制度和监理工作规程等工作制度，并建立了质量终身制档案。这些措

施旨在确立大藤峡监理部的质量管理体系,以规范和标准化监理工作,约束监理人员的行为。在工程现场,监理部工作人员实施日常监督管理,并进行定期、不定期的质量巡视和检查制度,以确保监理责任的有效落实。

监理部成立了由总监理工程师为组长的质量管理机构,负责整个监理标段的质量管理工作;技术负责人、副总监理工程师为副组长,负责整个监理标段的质量控制工作。此外,工程部所有成员主要承担各自负责的质量监督和检查工作,达到工程质量统一管理、分工负责、有效控制的目的。

11.1.2　工作体会

11.1.2.1　船闸区基坑岩溶涌水处理措施

船闸区基坑岩溶涌水处理是施工中的一个重要环节,因此监理人员需严格审批施工方案,编制针对性的监理实施细则,落实具体措施。根据现场开挖揭露地质情况,船闸主体部位溶蚀严重,溶沟、溶槽发育,且部分与左右岸连通,形成地下岩溶涌水通道,基坑施工过程中,开挖揭露较大涌水点 10 余处,其中下闸首部位较为集中,且大多位于边坡坡脚。一期下游围堰基础为黏土覆盖层及郁江阶的灰岩和白云岩,其中郁江阶的灰岩和白云岩岩溶发育,且存在岩溶管道与江水连通,基坑开挖极易产生岩溶涌水事故。工程区主要发育两组陡倾角结构面,将岩体切割成网状。岩溶发育受构造控制,沿这两组构造面,呈线状或串珠状分布,形成溶沟、溶槽、溶洞等岩溶现象,充填软塑状黏土和角砾,少数无充填或半充填。基岩面以下 15 m 内,多为表层强烈溶蚀风化带,溶蚀强烈,溶槽、溶沟、溶洞、小型落水洞发育,地下水活动强烈。基岩面以下 15~25 m,多为裂隙性溶蚀风化上带,溶隙较发育,局部发育溶洞,地下水主要在溶隙中运移。

施工人员在应对岩溶涌水方面采取了多项措施,包括增设补强帷幕灌浆、专项封堵单个涌水点以及集中引排水等方法。针对船闸闸室段的溶槽部分,采取了人工和机械相结合的方式进行挖除,并采用回填混凝土或混凝土塞(梁)的处理措施,以确保船闸工程的顺利推进。此外,考虑到船闸建筑物在运行期间可能受到岩溶地下水的影响,对船闸的左右岸边坡进行了防护处理,以确保边坡在基坑施工期间的稳定和安全。

11.1.2.2　船闸下闸首人字门创世界之最

大藤峡水利枢纽工程船闸是国内水头最高的单级船闸,最高挡水 40.25 m,配套的人字闸门高 47.5 m,被称为"天下第一门"。船闸由上游引航道、上闸首、闸室、下闸首和下游引航道组成,线路总长 3 735 m。闸室单次充泄水体 42 万 m^3,是三峡船闸的 1.8 倍,3 000 t 级船舶最快 1 h 左右即可过闸,通航效率较二级船闸提高近一倍。自 2015 年 9 月船闸工程启动建设以来,新珠监理公司严格按照施工监理规程,牢牢把握工程质量安全和进度安全,认真对照合同约定各项技术指标,确保工程质量、安全、进度、资金可控。

1. 下闸首人字门安装如期完成

为达到总工期目标及各节点工期目标,监理部根据工程现场施工状态及工程进度实施情况,按合同总工期的要求,采取以下措施进行管理:

(1)在监理过程中,根据控制性进度计划及分解工期目标计划,严格审议承包人的年度、季度和月度施工进度计划,检查承包人劳动组织和施工设施的完善,以及劳力、设备、机械、材料等资源投入与动力供应计划。

（2）在确保工程安全和质量的前提下，审核承包人提供的月进度计划，并对各个阶段，特别是施工阶段各个工序的进度目标进行跟踪管理。同时，采取事前进度控制、事中进度控制及事后进度控制措施，根据现场工程实施进展情况，经常性地与进度计划进行比对分析，对可能或已经影响进度计划顺利实施的施工或外界因素，督促承包人采取有效的赶工措施或提醒承包人提前做好应对措施，合理安排施工强度，加强施工资源供应管理，做到按章作业、均衡施工、文明施工，避免出现突击抢工、赶工局面。对实际进度已经滞后的施工部位，同施工单位一起分析原因，督促承包人按照施工进度管理体系，做好生产调度、施工进度安排与调整等各项工作，并加强质量、安全管理，采取一切有效的赶工措施缩小实际进度与计划进度的偏差，切实做到"以质量促进度、以安全促进度"，保证进度计划目标的实现。

2. 下闸首人字门底枢采用高碳高铬不锈钢材质蘑菇头锻铸

船闸下闸首底枢蘑菇头的材料选用 G102GR18 MO 锻钢，如图 11-1 所示。由于下闸首人字门底枢锻件尺寸远超出现有国家标准中该材料的尺寸要求，在国内乃至国际上均属首次，无相关制造经验，铸锻技术难度极大，锻造过程中易产生裂纹。锻造加热时采用接触式热电偶控温，严格控制工件的总加热时间，确保铸件温度控制的准确性与均匀性。并且严格控制加工温度、优化铸造工艺、充分利用主变形温度区间，采用大吨位锻压机，通过"三墩三拔"铸造工艺完成。此外，锻件主变形完成后的返炉加热不应在高温下长时间保温，以防止晶粒粗大和产生孪生组织，锻造后要及时退火，充分消除组织应力和残余应力。

图 11-1　船闸下闸首底枢蘑菇头

11.1.2.3　大体积混凝土温度控制技术研究

大藤峡水利枢纽工程混凝土总量约 250 万 m^3，除船闸航道边坡护坡混凝土等薄壁、小体积混凝土外，其余均为温度控制混凝土，工程量大。混凝土温度控制的重点为混凝土内部最高温度控制及降低混凝土内外温差，为此需通过原材料、配合比、混凝土骨料预冷、加冰（制冷水）拌和、运输过程遮阳保温、浇筑过程温度控制、混凝土表面养护、通水冷却及温度监测等措施进行控制。

1. 施工前混凝土温度控制措施

施工前监理人员对优化后的混凝土配合比设计进行核对，并合理协调施工人员安排混凝土施工程序和进度,通过掺入粉煤灰、缓凝型高效减水剂,减少单位水泥用量等措施降低混凝土水化热,达到降低混凝土出机温度和浇筑温度的目的。

2. 船闸主体段混凝土温度控制措施

船闸主体段混凝土浇筑强度高、单仓浇筑混凝土体量大,混凝土温度控制和浇筑质量控制工作难度较高。水利部水利水电规划设计总院组织专家对"大藤峡水利枢纽工程施工期大体积混凝土温度控制实施简要报告"进行了咨询,专家的主要建议如下:

(1)因施工进度安排,可能需要在高温季节进行高强度浇筑,因此需严格控制混凝土出机口温度。

(2)混凝土骨料预冷是降低出机口温度的关键,宜对粗骨料采取二次风冷,并改善制冷设备能力。

(3)建议进一步与水泥生产厂家沟通,论证适当控制水泥指标要求,增加氧化镁含量、降低前期发热量的可能性。

(4)建议进一步评价目前采用措施的保温效果,研究细化混凝土的表面保护措施、保护标准和保护时段,重视寒潮频发和昼夜温差较大季节的表面保护;加强混凝土温度监测与监控,确保大坝均匀冷却,降低温度应力。

(5)考虑到混凝土初期温升较快,建议研究适当降低 4~10 月初期通水冷却的水温,合理控制温差。

(6)对裂缝风险系数较高的闸墩底部等部位,建议加强温控措施的针对性。

(7)建议加快实施大体积混凝土智能温度控制系统。

在后续施工过程中,监理人员协调设计单位根据咨询意见对混凝土温度控制技术指标进行了调整设计,优化施工工艺和提高制冷设备的能力,论证调整水泥指标要求,推进大体积混凝土智能温度控制系统建设并加快投入运行,在进行混凝土浇筑过程中对出机口温度、入仓温度和浇筑温度进行严格把控。智能温度控制系统全程监控预警,有效地解决了大体积混凝土温度控制工作,保证了混凝土浇筑质量。

3. 左岸大体积混凝土智能监控

左岸大体积混凝土智能监控建设旨在解决温度控制施工管控存在的问题,通过信息化、数字化、智能化手段对温度控制质量进行全面监测。通过该技术可实现混凝土自原材料预冷、混凝土拌和、运输、入仓、浇筑、通水冷却、养护等全过程温度控制信息的自动感知、互联、分析及关键环节的智能控制,确保监理的准确性与及时性。监理部以温度控制施工监控的智能化促进温度控制施工的精细化,有效确保混凝土的施工质量,防止施工期和运行期船闸工程大体积混凝土发生危害性裂缝,从而保障工程安全。

11.1.2.4　降雨频发地区施工监理重点

在降雨频发的地区进行施工时,施工监理需要特别注意一些事项:

(1)监理人员要确保施工现场的排水系统能够有效地处理雨水,避免积水和洪水对施工造成影响。这意味着监理工作人员需要检查排水沟、雨水管道和其他排水设施的状况,确保其通畅和正常运行。

(2)施工监理工作人员需要密切关注天气预报,及时了解降雨的情况和预计的降雨量。可以帮助施工人员做出合理的调度安排,避免在强降雨期间进行高风险的施工活动。

在有降雨预报的情况下,监理工作人员还可以协调施工人员提前采取防水措施,如覆盖施工材料、加强防护措施等。

(3)施工监理还需要确保施工现场的安全。降雨可能导致地面湿滑,增加工人摔倒和受伤的风险。因此,监理人员可协调施工人员采取适当的安全措施,如铺设防滑垫、设置警示标识、提供合适的个人防护装备等,以保障工人的安全。

(4)监理人员还需要与施工团队和相关方面保持良好的沟通。如果发现降雨对施工造成了影响,监理人员需要及时与施工方和其他相关人员进行沟通,协商解决方案,并根据需要进行调整和延期施工的安排。

总而言之,在降雨频发地区进行施工监理时,监理人员需要关注排水系统、天气预报和安全措施,并与相关人员保持良好的沟通,以确保施工的顺利进行。

11.2　展望与建议

11.2.1　监理工作展望

11.2.1.1　优化监理模式,创新监理管理工作

在水利工程实施过程中,监理模式需要根据实际工况和外界条件进行灵活调整。监理工作人员应选择适当的监理模式,并记录施工监督情况,总结出现的问题并进行深入分析,提出调整建议。为确保大藤峡船闸工程的安全和施工质量,监理部门积极采用先进的监理技术和精细的分析方法,预先分析可能存在的安全隐患,并制定相应的对策。通过优化监理模式,加强日常巡查,并在施工的关键环节增派经验丰富的监理人员,加大现场监督力度,以确保施工人员的安全。此外,监理部门加大对施工材料、施工工序和安全管理等方面的监督力度,采取动态监察措施,以避免出现违规行为。监理部门对施工材料进行抽样试验,确保只有合格的材料用于施工,以保证工程各项施工参数符合相关标准和要求。同时,监理部门建立了监理工作实施的责任制度,明确监理人员的职责,并鼓励企业加强内部创新,积极学习新政策、法规和监理相关知识,为更好地开展监理工作打下坚实的基础。

11.2.1.2　大体积混凝土温度控制技术展望

随着经济社会的不断发展,大型构件越来越多地应用于建筑工程中,大体积混凝土的应用也越来越广泛。随之带来的温度裂缝问题严重制约着大体积混凝土在建筑市场的应用,同时对施工质量造成影响。大体积混凝土温度控制技术已经成为混凝土施工的关键技术之一。

在大藤峡船闸工程施工过程中,监理人员采取多种措施来控制混凝土温度,包括优化配合比设计、确认所掺入粉煤灰与减水剂是否具有完整的合格证件、降低混凝土水化热、安装遮阳棚等。监理人员还协调施工人员在降低混凝土出机口温度和减少运输途中及仓面的温度回升两方面降低混凝土浇筑温度。具体措施包括控制混凝土从出机口至仓面浇筑坯覆盖的时间、合理安排混凝土浇筑时间、布置喷雾机等。此外,在混凝土施工中还需采取严格的技术控制和程序要求,确保大体积混凝土施工温度的质量和安全性。

11.2.1.3　充分使用信息技术方式提高监理水平

为了有效提高施工质量,在施工监理工作中,监理人员应充分利用监理信息管理技

术,提升监理工作效率和质量。同时,使用信息技术进行有序管理,推动现场管理,确保施工现场的安全和质量。研发适用于施工的质量监测全过程系统,落实各项监管工作,督促施工人员开展高质量的工作,防止玩忽职守。为提高监管水平,实行实名制管理,为每个监管人员分配责任,确保责任落实到人,从而激励监理人员积极进取、尽心尽力、发挥应有的监理职能。

11.2.2　几点建议

11.2.2.1　加强对施工监理工作的认识

为了有效推进监理工作的开展,保证工程的质量,加强对施工监理工作的认识,监理单位应注意以下几个方面:

(1)监理单位在开展监理工作时,应当坚持独立、客观、公正的原则,不受任何方面的干扰和利益制约,确保监理工作的真实性和准确性。企业应当加强对相关法律法规的宣传,保证监理工作合规,避免在监理期间发生违法行为。

(2)要明确监理工作的目标和任务,将施工质量、安全和进度等内容纳入监理工作范畴,建立完善的监理工作机制。同时,加强宣传和教育,提高监理人员对自身工作的认识和责任感,推进工作的深入开展。

(3)通过定期召开会议的方式,监理人员可以做出相关的工作汇报和问题反馈,使各部门对工程建设和管理中存在的问题有更深刻的认识和理解,协调工作,推进工程建设顺利进行。

11.2.2.2　完善监理机制

按照相关管理制度进行管理是保证监理质量的关键,在建立和完善监理机制的过程中需要从以下几个方面入手:

(1)分析原有监管制度的可行性和不足之处,在此基础上不断完善,让监理制度有效发挥作用。

(2)制度建设方面需要明确监理人员的职责,确定工作范围,进而让各项监理工作都能落实到个人,避免出现管理混乱的情况。

(3)构建监理机制时,要有效利用奖惩制度,对表现优异的个人和部门进行物质奖励或者精神奖励,进而激发工作人员的工作热情;反之,对于不作为或者使用方法不当的个人,需要根据相关制度进行惩罚。然后在此基础上完善考核机制,作为对相关人员评优评先的参考。

(4)要对监理工作中的不利因素进行分析,制定相关的防范措施,避免对水利工程质量带来不利的影响。

(5)强化监理单位的人才培养机制,监理单位要积极开展好相关的技术培训工作,让监理人员满足实际的监理工作需求。为了有效提升整个监理队伍的质量,还需要引进优秀的人才,进而对监理队伍起到优化作用。

11.2.2.3　加强安全监管工作

安全管理是水利工程监理的重要内容,必须高度重视,以保证施工进度和工程质量。在开展安全监理工作时,需要重视以下几个方面:

(1)要加大对施工过程中安全监理的重视力度。如果施工流程不合理或工序不当,不仅会对工程质量造成影响,还可能引发施工安全问题。因此,需要对施工人员的操作进行监管,及时发现、指出和解决施工技术问题和工序问题。

(2)要加强施工现场的安全管理。通过安全监管,可以避免由施工技术不当引发的施工安全问题。对于发现的违规操作行为,应加大处罚力度,以儆效尤。

11.2.2.4　强化队伍建设

工程建设涉及的专业较多,施工环节复杂,施工内容烦琐,只有监理人员具备充足的专业理论知识、熟练的技术素养、较强的安全责任意识,同时全面掌握质量、安全管控标准和方法,才能保证水利工程项目有序完成。作为监理单位,在日常经营和发展中也要重视队伍建设,完善和提升自身监理资质,同时引进先进的监理技术和设备,建立完善的监理实施计划,针对各个施工环节选择最合适的监理方法,同时做好各个施工环节资料、信息的收集和分析,针对不合理的施工环节或内容及时提出建议。在对监理人员进行培训的过程中,不仅要提高其监理专业技能水平,还要增强其安全责任意识,鼓励其主动学习监理新标准、新要求,从而提高监理单位的整体水平,为工程的实施提供质量方面和安全方面的保障。

11.2.2.5　严格把控施工材料质量

施工材料质量把控是混凝土施工监理的重要一环,大藤峡水利枢纽工程混凝土材料质量对建成后的工程质量有着直接影响。针对施工材料质量监理,具体可从以下几个方面着手:

(1)水泥质量管控。由监理人员确认进入现场的水泥材料是否具备完整的合格证件,同时做好相应的常规检验,如强度、凝结时间等。

(2)混合料配比控制。根据施工技术标准,根据配比选择构成混凝土的材料。监理人员需要根据配比单核对现场混合料的具体掺入量,确认是否存在掺入量过多或过少的情况,水泥用量与水灰比是此环节监理人员需要给予高度重视的问题。

(3)完善后期施工监理控制。混凝土施工结束以后,工程监理单位要派遣专业的监理人员,检查混凝土质量是否合格,查看混凝土的养护工作是否到位,在混凝土尚未凝固、强度还没有到达要求之前,要对现场进行清场,严禁混合作业,保证混凝土不遭受外力冲击,防止出现形变,同时也能保障混凝土成品质量和整体性能。

11.2.2.6　做好各类资料的整理工作

监理资料是监理单位在实施监理的过程中形成的各种原始记录。这些记录不仅是监理工作中各项控制与管理工作的依据和凭证,同时也反映了监理人员的素质及监理机构的管理能力和管理水平。因此,监理资料的齐全、完整、准确和有效性,以及与施工进度的同步性,都非常重要。

除完成自身的资料外,监理人员还需要收集整理甲方、勘察设计、总包、分包、试验材料及设备供应等单位的资料。尤其是监理通过"审核和验收"后形成的种类繁多、数量庞大的施工资料,更是监理日常工作中的重点。

为了加强对监理资料的管理,可以通过提高对施工监理资料管理重要性的认识、建立健全监理资料管理网络、加强与参建各方的沟通、及时了解掌握监理资料在流转过程中的进程等措施,从而促进工程建设监理单位管理工作和工程项目监理工作的规范化。这些措施可极大地提高监理工作效率,为建设工程档案的归档提供可靠保证,有利于工程建设监理单位积累经验,总结教训,提高市场竞争力,从而提高整个工程项目监理工作的水平。

11.2.2.7　全面管控项目各个环节,优化细化施工监理工作要点

　　监理部结合大藤峡水利枢纽工程实际及施工现场的环境、规模等,执行国家相关法律法规、行业技术规范,全面进行施工阶段的监理工作。对于水利工程项目而言,系统性和复杂性比较突出,因此监理人员要针对项目的各个环节,进行全面管控,避免漏洞,否则就会给施工的顺利进行造成阻力。

　　1. 工程施工准备阶段

　　(1)充分掌握设计图纸意图。在工程施工前,监理人员应仔细阅读图纸,完全掌握设计意图,并对施工现场实际情况有准确的认识,保证足够了解现场情况。此外,要严格审查施工单位的施工组织设计和技术内容,一旦发现有可能存在质量问题的环节,应立刻与施工单位的技术主管进行探讨,并采取有效的方法提前预防。

　　(2)促进与施工单位之间的沟通。尽管监理单位属于监理者,施工单位属于被监理者,但责任主体都处在平等的地位。为保证现场监理人员充分发挥自身作用,应根据具体情况合理安排充足的监理人员,并在工作中与施工人员多交流,确保其能根据要求进行施工,保证建筑工程施工质量合格。

　　(3)强化施工机械设备管理。对于工程施工来说,设备是主要构成部分之一。为显著提高建筑工程的整体施工质量,应严格检验施工机械设备,对产品的有关证书及资质提出较高的要求,并完成抽检工作。就有关认证资料来讲,需要认真检验,体现出其客观性,进一步确保设备正常使用。

　　2. 工程施工阶段

　　(1)建立跟进式旁站。对于重要环节的施工,监理单位必须合理安排人员进入施工现场,建立跟进式旁站,及时、全面地排除各种隐蔽性问题。跟进式旁站必须具备较强的综合能力,可以将工作细化,且在发现问题后,立刻协助现场人员,科学制定处理方法,做好监理的记录登记确认工作。如果施工现场负责人和监理人员没有签字并确认,就不可以开展后续的施工。同时,跟进式旁站主管如果发现实际施工过程中存在严重违反操作规定的不良行为,需要马上制止。

　　(2)加强施工巡查。就水利工程的施工来讲,必须随时巡查是作为监理人员需要履行的职责。这样做的根本目的在于确保施工单位根据合同要求进行施工。在巡查过程中,监理人员必须具备全局思想及整体观念,而且要预见事态发展,认真稽查施工过程中的所有内容,包括施工材料、施工机械设备等多个方面。平时巡查和跟踪监理必须积极配合,以提升施工效益。监理工作内容还涉及例会,通过讨论项目中存在的问题,认真把关项目文件的签收及验证工作。

　　3. 工程验收阶段

　　符合竣工要求后,监理单位必须科学统筹施工中的所有信息,全面汇总与工程施工有关的资料,认真协调每个部门工作,尽可能为工程创造更多的效益,其中切记不能出现缺项及遗漏等情况。监理人员必须从不同的角度审核各项技术资料,邀请设计院、质检部门及项目勘察单位等多个部门共同验收,提出工程中存在的问题,并与施工单位进行确认,要求其及时整改。验收达标后,监理人员应该立刻将建筑工程移交完结证书下发给施工单位。

参考文献

[1] 方朝阳.水利工程施工监理[M].武汉:武汉大学出版社,2007.

[2] 臧海燕,李大伟,胡艳玲,等.大藤峡船闸下闸首人字闸门设计[J].东北水利水电,2019,37(11):12-13.

[3] 黄智丰,罗华连,张庆红.大体积混凝土的浇筑施工[J].广西大学学报(自然科学版),2008,33(S1):58-60.

[4] 邓月辉.对水利水电建设工程项目施工监理的探讨[J].广东科技,2011,20(2):133-135.

[5] 冯吉新.大藤峡工程下游围堰岩溶基础防渗处理设计[J].东北水利水电,2018,36(11):13-14,36,71.

[6] 丰景春,黄华爱.水利水电工程监理岗位责任[J].水利水电科技进展,2006,26(4):65-69.

[7] 赵涛,齐海燕,彭若愚.设备监理组织类型及其与建筑监理的比较[J].组合机床与自动化加工技术,2004(4):55-56.

[8] 张小厅.长江三峡工程建设监理的10年实践[J].人民长江,2003,34(8):63-64.

[9] 赖跃强,杨君,徐蕾,等.工程建设监理企业信息化管理系统设计与应用[J].长江科学院院报,2016,33(6):140-144.

[10] 韦志立,王韶华,胡俊江.水利工程建设项目施工监理规范化研究[J].水利水电技术,2004,35(10):25-28.

[11] 陈国云.信息系统工程监理档案的构成及管理原则[J].中国档案,2008(7):32-33.

[12] 童克强,阮彤.浅谈监理质量控制应注意的若干问题[J].长江科学院院报,2002,19(1):59-60,63.

附录　监理大事记

1. 船闸工程

(1)2015 年 12 月 15 日,船闸主体部位启动土石方开挖施工;

(2)2016 年 9 月 6 日,船闸主体部位基坑岩溶涌水量剧增,基坑大面开挖施工暂停;

(3)2016 年 10 月 29 日,船闸上闸首上游侧回填混凝土开始浇筑;

(4)2016 年 11 月 19 日,上闸首首仓混凝土开始浇筑;

(5)2016 年 11 月 27 日,上闸首固结灌浆开始钻孔;

(6)2016 年 12 月 9 日,上游口门区开始回填;

(7)2016 年 12 月 10 日,泄水箱涵启动开挖;

(8)2016 年 12 月 13 日,下游口门区启动开挖;

(9)2017 年 1 月 25 日,下闸首左边墩首仓混凝土浇筑完成;

(10)2017 年 4 月 10 日,下引航道航下 2+190 处预留岩埂加高完成;

(11)2017 年 4 月 29 日,船闸主体部位基岩覆盖完成;

(12)2017 年 5 月 24 日,上游右侧导航墙基础回填混凝土开始浇筑;

(13)2017 年 6 月 30 日,上游口门区被水淹没;

(14)2017 年 7 月 2 日 9 时左右,坝址所在区域突降特大雷暴雨,黔江水位上涨,船闸主体部位基坑被淹,23 时 11 分基坑水位上涨至 3.0 m 高程;

(15)2017 年 7 月 4 日 5 时,船闸主体部位基坑水位上涨至 6.0 m 高程;

(16)2017 年 7 月 4 日 15 时,船闸主体部位基坑水位上涨至 6.33 m 高程(最高水位);

(17)2017 年 7 月 8 日 6 时,船闸主体部位基坑水位下降至 3.0 m 高程;

(18)2017 年 7 月 10 日,上游口门区护坡混凝土开始浇筑;

(19)2017 年 7 月 12 日 12 时,船闸主体部位基坑水位下降至 -2.0 m 高程;

(20)2017 年 7 月 13 日,黔江洪峰过境上游引航道口门区二次被淹;

(21)2017 年 7 月 13 日,上游导航墙结构仓首仓(Y3)混凝土开始浇筑;

(22)2017 年 7 月 22 日,下游引航道左岸边坡启动扩挖施工;

(23)2017 年 8 月 20 日,上游靠船墩(11#、12#)混凝土开始浇筑;

(24)2017 年 8 月 24 日,台风"天鸽"过境;

(25)2017 年 10 月 12 日,船闸闸室 12# 右边墙集水井首仓混凝土开始浇筑;

(26)2017 年 11 月 28 日,上游透水墩混凝土开始浇筑;

(27)2017 年 12 月 25 日,闸室 12# 右边墙溶洞封堵完成;

(28)2018 年 3 月 10 日,下游口门区水下爆破先锋槽第一次爆破完成;

(29)2018 年 3 月 21 日,浮式系船柱第 1 节开始安装(左 8);

(30)2018 年 3 月 31 日,下游导航墙混凝土开始浇筑;

(31)2018 年 4 月 5 日,上游导航墙 Z2 回填混凝土开始浇筑;

(32)2018 年 5 月 20 日,上游导航墙 Z1 基础固结灌浆开始施工;

(33)2018 年 7 月 1 日,上游导航墙 Z1 灌注桩开始钻孔施工;

(34)2018 年 7 月 16 日,上引航道 54 m 高程以下边坡二期锚索启动施工;

(35)2018 年 7 月 26 日,上游隔流堤启动填筑施工;

(36)2018 年 8 月 13 日,下闸首底板 DB4 启动施工;

(37)2018 年 8 月 22 日,上游导航墙 Z1 混凝土灌注桩施工完成;

(38)2018 年 9 月 3 日,上游导航墙 Y12 浇筑到顶;

(39)2018 年 9 月 25 日,上闸首左边墩上块浇筑到顶;

(40)2018 年 10 月 5 日,上闸首右边墩上块浇筑到顶;

(41)2018 年 10 月 15 日,下游口门区围堰合龙;

(42)2018 年 10 月 20 日,上闸首右边墩下块浇筑到顶,具备金属结构安装条件;

(43)2018 年 10 月 20 日,下闸首下块浇筑至 65.0 m 高程,具备金属结构安装条件;

(44)2018 年 11 月 3 日,下游口门区灌注桩开始钻孔;

(45)2018 年 11 月 27 日,泄水箱涵完成封顶;

(46)2019 年 1 月 3 日,上闸首事故检修门槽、输水廊道检修门槽完成工作面移交,进行金结安装;

(47)2019 年 1 月 21 日,下闸首人字门底槛开始吊装;

(48)2019 年 2 月 9 日,船闸事故门库坝段浇筑到顶;

(49)2019 年 3 月 24 日,蘑菇头吊装、人字门首节吊装;

(50)2019 年 4 月 25 日,上闸首人字门安装完成;

(51)2019 年 5 月 6 日,上闸首桥机轨道大梁首节吊装;

(52)2019 年 5 月 17 日,下闸首首节人字门吊装成功;

(53)2019 年 5 月 18 日,上游右导航墙全线封顶;

(54)2019 年 5 月 30 日,上游口门区施工完成;

(55)2019 年 5 月 30 日,下游口门区透水排桩第 8 排灌注桩施工完成;

(56)2019 年 6 月 7 日,闸室右 13 泄水廊道检修平板门吊装;

(57)2019 年 6 月 9 日,下游口门区因黔江水位上涨被淹没;

(58)2019 年 6 月 10 日,闸室左 13 泄水廊道检修平板门吊装;

(59)2019 年 6 月 26 日,上闸首人字门顶枢 AB 拉杆安装;

(60)2019 年 7 月 21 日,下游右侧导航墙全线浇筑到顶;

(61)2019 年 7 月 30 日,下闸首人字门左侧顶节门叶吊装完成;

(62)2019 年 7 月 31 日,下闸首人字门右侧顶节门叶吊装完成;

(63)2019 年 8 月 6 日,下闸首人字门左侧顶枢 AB 拉杆安装;

(64)2019 年 8 月 7 日,下闸首人字门右侧顶枢 AB 拉杆安装;

(65)2019 年 8 月 13 日,下闸首启闭机机架吊装;

(66)2019 年 8 月 19 日,下闸首交通桥跨闸钢梁吊装;

(67)2019 年 8 月 31 日,上闸首 38 m 交通轨道梁吊装;

(68)2019年9月18日,上闸首右侧人字门油缸吊装;

(69)2019年9月19日,闸室右侧下行线挡墙混凝土施工完成;

(70)2019年11月5日,船闸控制楼完成封顶;

(71)2019年11月10日,隔流堤填筑完成;

(72)2019年11月15日,锚地靠船墩基础启动开挖施工;

(73)2019年11月30日,闸室右11反弧门吊装;

(74)2019年12月4日,右1反弧门吊装;

(75)2019年12月10日,左1反弧门吊装;

(76)2019年12月16日,左11反弧门吊装;

(77)2019年12月17日,闸室6#底板混凝土浇筑完成;

(78)2019年12月30日,船闸主体段底板全部浇筑完成;

(79)2020年1月9日,闸室1#、11#右工作门导槽浇筑完成;

(80)2020年1月15日,船闸辅助泄水工作门、闸室3#右检修门槽焊接加固完成;

(81)2020年1月15日,下闸首人字门油缸连门;

(82)2020年1月15日,左、右11反弧门连杆吊装;

(83)2020年1月15日,闸室12#集水井清理完成;

(84)2020年1月20日,上引航道基槽开挖工程完工;

(85)2020年1月23日,上闸首桥机抓梁拼装;

(86)2020年2月6日,闸室10#左检修门门楣以上轨道焊接完成;

(87)2020年2月8日,闸室2#左集水井水泵预埋件安装完成;

(88)2020年2月10日,下闸首浮式检修门门槽埋件安装;

(89)2020年2月26日,闸室检修叠梁门底节门叶水封安装;

(90)2020年2月27日,闸室检修叠梁门首节底节门叶吊装;

(91)2020年3月5日,上引航道左侧拦污栅安装完成;

(92)2020年3月8日,上游锚地靠船墩混凝土浇筑完成;

(93)2020年3月10日,船闸上游开始蓄水;

(94)2020年3月15日,船闸开始充水,开展有水调试;

(95)2020年3月25日,船闸带水实船调试;

(96)2020年3月31日,船闸试通航成功,通过珠江水利委员会组织的试验收;

(97)2020年4月1日,大藤峡船闸正式试通航;

(98)2020年4月6日,船闸10 kV永久电缆敷设;

(99)2020年5月11日,下引航道导航墙工程完工;

(100)2020年7月8日,船闸管线廊道消防管打压试验;

(101)2020年7月15日,完成上闸首桥机及消防泵房永久电缆敷设;

(102)2020年7月21日,上闸首桥机永久电源接线完成;

(103)2020年7月29日,船闸消防及给水排水管路打压完成;

(104)2020年8月13日,船闸控制楼供电系统设备自投试验完成;

(105)2020年8月14日,船闸控制楼220 V直流蓄电池充放电试验完成;

(106)2020年8月25日,船闸主体下闸首工程完工;

(107)2020年9月11日,船闸控制楼、启闭机房全部移交船闸中心;

(108)2020年9月30日,船闸主体上闸首工程完工;

(109)2020年11月5日,船闸主体墙后工程完工;

(110)2021年1月6日,上引航道隔流堤工程完工;

(111)2021年1月24日,船闸电气与控制系统试运行完工;

(112)2021年4月30日,枢纽运行管理码头完工;

(113)2021年5月18日,坝下交通桥、下引航摄像头及广播光缆、电缆敷设地埋;

(114)2021年5月25日,船闸消防系统完工;

(115)2021年6月13日,上引航道护岸与护底工程完工;

(116)2021年6月30日,控制系统设备安装完工;

(117)2021年8月15日,辅助设备安装工程完工;

(118)2021年8月26日,下引航道基槽开挖工程完工;

(119)2021年9月13日,电气系统设备(照明设施)安装完工;

(120)2021年12月22日,船闸单位工程通过验收。

2. 南木江副坝工程

(1)2016年5月2日,南木江副坝围堰开始施工;

(2)2016年5月20日,南木江副坝上下游围堰戗堤进占完成;

(3)2016年8月15日,南木江副坝上游围堰高喷防渗墙开始施工;

(4)2016年9月25日,启动南木江副坝坝基清表施工,南木江副坝工程开工;

(5)2016年10月22日,南木江副坝坝基、工程鱼道范围施工用地移交;

(6)2016年11月23日,南木江副坝上游围堰高喷防渗墙施工完成;

(7)2016年11月29日,南木江副坝固结灌浆开始钻孔;

(8)2016年12月4日,南木江副坝固结灌浆开始灌浆施工;

(9)2016年12月31日,南木江副坝坝基帷幕灌浆开始施工;

(10)2017年2月10日,南木江副坝坝体填筑开始施工;

(11)2017年2月26日,南木江副坝左岸重力坝段启动开挖施工;

(12)2017年3月12日,南木江副坝压浆板混凝土浇筑完成;

(13)2017年4月3日,南木江副坝左岸重力坝段开挖施工遭到当地村民阻工而暂停;

(14)2017年4月10日,南木江副坝上游围堰加高开始施工;

(15)2017年5月13日,南木江副坝上游围堰加高施工完成;

(16)2017年11月17日,南木江生态鱼道及河道整治1 km施工用地移交;

(17)2018年1月18日,南木江生态河道整治施工用地移交;

(18)2018年1月19日,南木江副坝坝基开挖与处理工程完工;

(19)2018年2月2日,南木江副坝生态泄水坝段底板混凝土开始浇筑;

(20)2018年6月10日,南木江副坝左岸帷幕灌浆补充征地、南木江副坝库内鱼道段淹没区施工用地移交;

（21）2018 年 11 月 10 日,南木江副坝上游库内段低凹区涵管开始安装;

（22）2018 年 11 月 25 日,南木江上游鱼道混凝土开始浇筑;

（23）2018 年 12 月 20 日,南木江副坝左岸重力坝段浇筑至 65.0 m 高程;

（24）2019 年 3 月 1 日,南木江副坝坝基及坝肩防渗工程完工;

（25）2019 年 5 月 18 日,南木江副坝坝体填筑工程完工;

（26）2019 年 5 月 18 日,南木江副坝防渗心墙工程完工;

（27）2019 年 6 月 28 日,南木江副坝坝顶门机安装;

（28）2019 年 7 月 1 日,南木江副坝灌溉口弧门安装;

（29）2019 年 7 月 8 日,南木江副坝 2# 鱼道弧门吊装;

（30）2019 年 7 月 15 日,南木江副坝生态泄水弧门吊装;

（31）2019 年 7 月 18 日,南木江副坝 1# 鱼道过坝段、灌溉口、2# 鱼道、3# 出鱼口平板门吊装;

（32）2019 年 9 月 10 日,南木江副坝迎水面面板混凝土开始施工;

（33）2019 年 10 月 15 日,灌溉口、2# 鱼道口、生态取水口启闭机油缸吊装;

（34）2019 年 11 月 28 日,南木江上游出鱼口灌注桩开始施工;

（35）2019 年 12 月 20 日,南木江副坝坝面护坡工程完工;

（36）2020 年 4 月 27 日,南木江副坝 1# 出鱼口门体安装;

（37）2020 年 5 月 4 日,南木江副坝 2# 出鱼口门体安装;

（38）2020 年 9 月 24 日,南木江副坝坝顶单向门机荷载试验;

（39）2020 年 12 月 1 日,南木江副坝 10 kV 高压柜及变压器安装;

（40）2020 年 12 月 20 日,南木江副坝 0.4 kV 盘柜及 1# 鱼道过坝口、3# 出鱼口固定卷扬式启闭机控制柜安装;

（41）2020 年 12 月 21 日,南木江与紫荆河汇合口疏通开始施工;

（42）2020 年 12 月 22 日,1#、2# 进鱼口固定式卷扬启闭机机房控制柜安装;

（43）2021 年 1 月 15 日,南木江副坝 1#、2#、3# 出鱼口,过坝段固定式卷扬启闭机调试及钢丝绳缠绕;

（44）2021 年 1 月 17 日,南木江副坝坝顶门机抓梁安装及调试完成;

（45）2021 年 1 月 23 日,南木江与紫荆河汇合口疏通施工完成;

（46）2021 年 1 月 23 日,南木江副坝闸门及启闭机安装工程完工;

（47）2021 年 5 月 8 日,南木江 10 kV/0.4 kV 变配电设备试验;

（48）2021 年 7 月 9 日,南木江 10 kV/0.4 kV 变配电设备永久电源送电完成,设备带电,变压器空载运行结束后,按规定完成送电后相关试验;

（49）2021 年 8 月 28 日,南木江副坝机电设备安装工程完工,至此,南木江副坝工程完工;

（50）2021 年 10 月 28 日,南木江副坝单位工程通过验收。

3.黔江副坝工程

（1）2016 年 10 月 22 日,黔江副坝工程施工用地移交;

（2）2016 年 11 月 25 日,黔江副坝工程开工;

(3)2017 年 1 月 24 日,黔江副坝压浆板进行首仓混凝土浇筑;

(4)2017 年 4 月 6 日,黔江副坝压浆板混凝土全部浇筑完成;

(5)2017 年 11 月 13 日,黔江副坝小桩号段开始坝基找平回填;

(6)2018 年 2 月 28 日,黔江副坝混凝土插入坝段进行首仓混凝土浇筑;

(7)2018 年 4 月 8 日,黔江副坝、南木江副坝连接段帷幕灌浆完成;

(8)2018 年 4 月 15 日,黔江副坝开始墙下帷幕灌浆试验;

(9)2018 年 4 月 17 日,黔江副坝混凝土插入坝段开始固结灌浆;

(10)2018 年 11 月 3 日,黔江副坝防渗墙墙帽进行首仓混凝土浇筑;

(11)2018 年 12 月 24 日,黔江副坝塑性混凝土防渗墙全部施工完成;

(12)2019 年 4 月 9 日,黔江副坝坝基及坝肩防渗工程完工;

(13)2019 年 12 月 2 日,黔江副坝插入坝段工程完工;

(14)2019 年 12 月 15 日,黔江副坝防渗心墙工程完工;

(15)2019 年 12 月 15 日,黔江副坝坝体排水工程完工;

(16)2019 年 12 月 17 日,黔江副坝坝基开挖与处理工程完工;

(17)2019 年 12 月 25 日,黔江副坝坝脚排水棱体工程完工;

(18)2020 年 2 月 16 日,黔江副坝坝体填筑工程完工;

(19)2020 年 12 月 22 日,黔江副坝坝面护坡工程完工;

(20)2021 年 4 月 26 日,黔江副坝坝顶工程完工;

(21)2021 年 7 月 26 日,黔江副坝坝顶路灯上电试运行;

(22)2021 年 7 月 31 日,黔江副坝机电设备安装工程完工,至此,黔江副坝工程完工;

(23)2021 年 10 月 28 日,黔江副坝单位工程通过验收。